彩图 5　鲁光

彩图 6　秋香

彩图 7　硕香

彩图 8　鲁果 2 号

彩图 9　鲁果 3 号

彩图 10　鲁果 4 号

彩图 11　鲁果 5 号

彩图 12　鲁果 6 号

彩图 13　鲁果 7 号

彩图 14　鲁果 8 号

彩图 15　鲁果 9 号

彩图 16　鲁果 10 号

彩图 17　鲁果 11 号

彩图 18　鲁果 12 号

彩图 19　鲁核 1 号

彩图 20　辽核 1 号

彩图 21　辽核 3 号

彩图 22　辽核 5 号

彩图 23　辽核 7 号

彩图 24　辽核 10 号

彩图 25　寒丰

彩图 26　中林 1 号

彩图 27　中林 3 号

彩图 28　中林 5 号

彩图 29　西扶 1 号

彩图 30　晋龙 1 号

彩图 31　晋龙 2 号

彩图 32　西洛 1 号

彩图 33　西洛 2 号

彩图 34　西洛 3 号

彩图 35　礼品 1 号

彩图 36　礼品 2 号

高效栽培
关键技术
丛书

核桃

高效栽培关键技术

主　编　张美勇
参　编　徐　颖　相　昆　王贵芳
　　　　李国田　薛培生　李治国

机械工业出版社

本书从我国核桃栽培的现状入手，由长期从事核桃栽培与育种科研工作的专业技术人员编写而成，主要内容包括核桃优良品种、核桃苗木繁育、核桃园建园、核桃园土肥水管理、核桃整形修剪、核桃的花果管理、核桃的采收及处理、核桃病虫害防治、植物检疫与农业防治、自然灾害的防御等，突出各个栽培环节的关键知识点及各种问题的处理小技巧。本书设有"提示""注意"等小栏目，可以让读者更好地掌握核桃高效栽培的技术要点。

　　本书可供广大种植户、基层农业技术人员使用，也可作为农业院所相关专业师生的参考用书。

图书在版编目（CIP）数据

核桃高效栽培关键技术/张美勇主编. —北京：机械工业出版社，2019.6（2022.10 重印）

（高效栽培关键技术丛书）

ISBN 978-7-111-62607-7

Ⅰ.①核… Ⅱ.①张… Ⅲ.①核桃–果树园艺 Ⅳ.①S664.1

中国版本图书馆 CIP 数据核字（2019）第 080440 号

机械工业出版社（北京市百万庄大街 22 号　邮政编码 100037）

策划编辑：高　伟　责任编辑：高　伟

责任校对：张　力　责任印制：张　博

北京建宏印刷有限公司印刷

2022 年 10 月第 1 版第 2 次印刷

147mm×210mm·5.5 印张·4 插页·178 千字

标准书号：ISBN 978-7-111-62607-7

定价：25.00 元

核桃与扁桃、腰果、榛子并称为世界著名的"四大干果"，古时称其为"万岁子""长寿果""养人之宝"等。有研究表明，长期适量食用核桃能阻滞胆固醇的形成并使之排出体外，有效降低心脑血管疾病患者的猝死风险，减少癌症发病率。核桃中蛋白质的含量一般在15%左右，通常由白蛋白、球蛋白、醇溶谷蛋白和谷蛋白4种蛋白质组成。核桃中还含有丰富的维生素和钙、铁、磷、锌等多种营养元素。自2011年国家林业局（现为"国家林业和草原局"）将核桃列为"十二五"期间6个战略性干果产业之一起，人们对核桃营养价值的了解逐渐深入，我国核桃消费量不断增加。

但是，在我国核桃生产中，大部分核桃为实生繁殖，后代分离严重，果实良莠不齐，多数果壳较厚，出仁率低，取仁较难，产量低，品质差，缺乏市场竞争力。

为了使广大果农更好地了解、掌握核桃生产技术，提高核桃的产量和品质，增加效益，编者根据多年从事核桃科研和生产实践的经验，编写了本书，希望能为我国核桃生产起到一定的指导作用。本书主要介绍了核桃主要品种、苗木繁育、建园技术、土肥水管理、整形修剪、花果管理、采收及处理、主要病虫害防治及自然灾害防御等方面，内容全面，突出各个栽培环节的关键知识点及各种问题的处理小技巧。书中设有"提示""注意"等小栏目，可以让读者更好地掌握核桃高效栽培的技术要点。

需要特别说明的是，本书所用药物及其使用剂量仅供参考，不可照搬。在实际生产中，所用药物学名、常用名与实际商品名称有差异，药物浓度也有所不同，建议读者在使用每种药物之前，参阅厂家提供的产品说明以确认药物用量、用药方法、用药时间及禁忌等。

本书在编写过程中，参考和引用了国内外相关研究著作、学术论文等文献，在此向这些文献的各位作者表示诚挚的感谢。

　　由于编者水平有限，书中难免有不妥之处，恳请各位同行和读者批评指正。

编　者

目 录

前言

第一章　核桃栽培概述…………………………… 1
一、核桃的栽培历史 ……… 1
二、核桃的产量和销售概况 … 2
三、核桃栽培技术概况……… 3

第二章　核桃优良品种………………………… 6
第一节　选择品种的标准……… 6
一、核桃的分类 ………… 6
二、核桃优良品种的
特点 ……………… 7
三、选种时考虑的因素……… 9
第二节　核桃品种 ………… 10
一、早实品种 ……… 10
二、晚实品种 ……… 22

第三章　核桃苗木繁育 ……………………… 28
一、育苗地的选择与
准备 ………… 28
二、砧木的培育 ……… 28
三、嫁接…………………… 31
四、芽接苗管理 ………… 32
五、苗木出圃 ………… 33

第四章　核桃园建园 ………………………… 36
第一节　园地的选择标准……… 36
一、核桃适宜生长和结果
的温度 …………… 36
二、核桃适宜的光照 … 37
三、核桃适宜的水分 …… 37
四、核桃对地形及土壤
的要求 …………… 38
五、风力对核桃生长与结果
的影响 ………… 38
第二节　核桃园的规划
设计 ………… 39
一、规划设计的原则和
步骤 …………… 39
二、不同栽培方式建园的
设计 …………… 41
三、栽培品种的选择 …… 43
第三节　栽植技术 ………… 43

一、园地平整、改良和
挖穴 …………………… 43
二、栽植苗木 …………… 45
第四节 栽植当年的核桃苗
管理 ………………… 47

一、除草、施肥、灌水 …… 48
二、补栽及除萌 ………… 48
三、定干 ………………… 48
四、冬季防抽条 ………… 48

第五章 核桃园土肥水管理 …………………………… 50

第一节 土壤管理 ……… 50
一、土壤深翻、施有
机肥 …………………… 50
二、压土与掺沙 ………… 51
三、中耕和除草 ………… 51
四、生草栽培 …………… 52
五、核桃园覆盖 ………… 53
六、核桃园间作 ………… 53
第二节 施肥技术 ……… 54
一、肥料的种类 ………… 55

二、施肥时期 …………… 61
三、施肥标准 …………… 62
四、施肥方法 …………… 63
五、营养诊断 …………… 66
第三节 水分管理 ……… 70
一、灌水时期 …………… 70
二、灌水方法 …………… 71
三、抗旱保墒方法 ……… 73
四、排水防涝 …………… 73

第六章 核桃整形修剪 …………………………………… 75

第一节 核桃生物学特性 … 75
一、营养器官的生长特性 … 75
二、繁殖器官的发育特性 … 76
第二节 核桃的修剪时期
及方法 ……………… 77
一、适宜的修剪时期 …… 77
二、整形修剪的主要
方法 ………………… 79
第三节 核桃树形及其整形
技术 ………………… 80

一、主干分层形 ………… 80
二、自然开心形 ………… 82
三、主干形 ……………… 83
第四节 不同年龄树的修剪 … 84
一、幼树的整形和修剪 …… 85
二、成年树的修剪 ……… 87
三、衰老树的修剪 ……… 91
四、放任树的修剪 ……… 92
第五节 早实和晚实核桃修剪
的特点 ……………… 94

一、早实核桃修剪的
　　特点 ………… 94
二、晚实核桃修剪的
　　特点 ………… 96

第七章　核桃的花果管理 ……………………………… 98
　第一节　核桃开花特性及
　　　　　授粉受精 ……… 98
　　一、开花特性 ………… 98
　　二、授粉受精 ………… 100
　　三、通过人工授粉提高
　　　　坐果率 ………… 100
　　四、疏雄花以节省营养 … 101

　第二节　核桃的结果特性及
　　　　　合理负载 ………… 102
　　一、结果特性 ………… 103
　　二、果实的发育 ………… 103
　　三、疏花疏果及合理负载 … 104
　　四、防止落花落果的技术
　　　　措施 ………… 105

第八章　核桃的采收及处理 ……………………………… 106
　第一节　核桃采收技术 ……… 106
　　一、果实成熟的特征 ……… 106
　　二、果实成熟期内含物
　　　　的变化 ………… 107
　　三、适时采收的意义 ……… 108
　　四、采收时期的确定 ……… 108
　第二节　采收与处理 ……… 109
　　一、采收方法 ………… 109

　　二、采收后的处理 ………… 110
　第三节　分级与包装 ……… 112
　　一、坚果的质量分级
　　　　标准 ………… 113
　　二、包装与标识 ………… 114
　第四节　贮藏与运输 ……… 115
　　一、坚果的贮藏要求 ……… 115
　　二、坚果的贮藏方法 ……… 115

第九章　核桃病虫害防治 ……………………………… 117
　　一、主要病害的防治 ……… 117
　　二、主要虫害的防治 ……… 126

第十章　植物检疫与农业防治 ……………………………… 142
　第一节　植物检疫防治 ……… 142
　　一、植物检疫的意义 ……… 143
　　二、植物检疫的主要
　　　　任务 ………… 143

　　三、植物检疫的措施 ……… 143
　第二节　农业防治 ……… 145
　　一、培养健康苗木 ………… 145
　　二、搞好果园卫生 ………… 145

三、重视合理修剪 ………… 146

四、科学施肥和排灌 ………… 146

五、适时采收和合理
贮运 ………… 146

六、依标准使用农药 ……… 147

七、充分利用生物防治 …… 148

第十一章　主要自然灾害的防御 ……………………… 151

第一节　冻害的防治 ……… 151

一、冬季冻害的种类 …… 151

二、冻害的主要防治
措施 ………… 152

第二节　晚霜害的防治 …… 153

一、晚霜的危害 ……… 154

二、晚霜害的主要防治
措施 ………… 154

第三节　抽条的防治 ……… 155

一、抽条的原因 ………… 156

二、抽条的主要防治
措施 ………… 156

第四节　风害的防治 ……… 158

一、风害的概念 ………… 158

二、风害产生的原因 …… 158

三、风害的主要防治
措施 ………… 159

第十二章　核桃良种繁育技术实例 …………………… 161

一、核桃硬枝生根无性
繁殖技术 ………… 161

二、核桃大树综合配套
改接技术 ………… 164

参考文献 ……………………………………………… 168

第一章 核桃栽培概述

 关键知识点：

1）我国核桃栽培历史十分悠久，早在公元 1～2 世纪就已经有核桃的经济栽培。

2）目前，我国核桃产量和种植面积均居世界第一。2012 年核桃栽培面积就已达 555 万公顷，产量达到 201 万吨。

3）美国等发达国家从核桃栽植、修剪、施肥、病虫害防治到采收处理等栽培管理工作基本实现机械化，我国等发展中国家机械化程度不高，主要依靠人工作业完成。

一 核桃的栽培历史

我国核桃的栽培历史十分悠久。考古发现，在山东省临朐县山旺村距今 1800 万年的硅藻土页岩中，保存多种胡桃属和山核桃属植物化石；在河北省武安县磁山村及河南省新密市莪沟北岗、新郑市裴李岗等地发现距今 7355（±100）年的原始社会遗址文物中有炭化的核桃；在陕西省西安市半坡村出土的距今 6000 多年的文物中发现了核桃花粉沉积；西藏聂聂雄拉湖相沉积物中也发现核桃和山核桃的花粉沉积。这证明了早在 7000 年前我国就有核桃生长。目前，采用表型和分子标记方法证明西藏东南部、喜马拉雅山南麓、四川西南部、云南西北部和新疆北部存在着核桃天然群体，我国横断山脉很可能是世界野生核桃的初生基因中心，这是对核桃起源的新认识。

有关核桃栽培的记载最早来源于马融（公元 1～2 世纪）所说的"胡桃自零"，表明那时的人们就已经开始观察核桃的结果习性了；晋代郭义恭所著的《广志》（公元 3 世纪写成）一书中记载："陈仓胡桃，薄皮多肌，阴平胡桃，大而皮脆，急捉碎。"表明当时秦巴山区的人们已开始选择皮薄肉厚的核桃品种种植了，并且开始按产区评价核桃的品质。在栽培技术方面，《群芳谱》中记载："核桃种植选平日实佳者，留树弗摘，俟其自落，青皮自裂，又捡壳光纹浅体重者，掘地二三寸，人粪一碗，铺瓦片，种一枚，覆土踏实，水浇之。"这些均表明我国早在公元 1 世纪就已经进行了核桃的经济栽培，而且是人们非常喜爱的古老树种。

泡核桃（*Juglans sigillata* Dode）是我国特有的核桃种植物，虽然植物学上将其与核桃（*Juglans regia* L.）作为两个不同种植物，但由于坚果特征和生物学特性差异较小，生产上便作为一种物种对待，已有学者提出了泡核桃是核桃的一个生态地理型的观点。泡核桃主要分布在我国的云贵高原地区，其嫁接繁殖技术已有 300～400 年的历史。1985 年，中国科学院对出土于云南省漾濞县平坡镇高发村的一段核桃木进行 ^{14}C 示踪，结果表明该木段距今 3325（±75）年，说明 3500 年前这里就进行过核桃栽培。

核桃在我国分布广阔，栽培面积大。除东北地区的严寒地带和南部沿海（如台湾、广东、香港和海南）等地没有或极少种植核桃外，其他地方均有核桃分布和栽培。核桃在我国广泛分布在新疆、陕西、河北、甘肃、山东、河南、山西、辽宁、北京等地区，宁夏、内蒙古、云南、四川等地区也有少量分布。泡核桃主要分布在云南、四川西南部、贵州西北部、广西北部和西藏东南部等区域。在分布状态上，我国除西藏南部、新疆南部和辽东半岛的核桃栽培区处于相对隔绝和间断分布外，其他各地的核桃栽培区表现为连续分布。

在分布地形上，我国核桃属山区经济林树种，主要栽植在浅山丘陵区，泡核桃集中分布在海拔 1500～2100 米的山坡或沟箐地区。近年来，随着我国农村产业结构的调整，作为重要的经济林和木本油料树种，核桃的栽培面积迅速扩大，在平原农耕地上建立了大面积的核桃密植栽培园区。泡核桃已形成以漾濞核桃、大姚核桃和细香核桃等品种为主体的西南核桃生产体系。

二、核桃的产量和销售概况

世界核桃的栽培遍及亚洲、欧洲、美洲、非洲和大洋洲的 50 多个国家和地区，年产量约 350 万吨。其中，我国与美国、土耳其、伊朗、乌克兰、墨西哥为世界核桃六大生产国。美国的核桃栽培水平最高，市场占有份额最大。

美国年产核桃 40 余万吨，大约一半出口到欧洲、亚洲等地，其核桃贸易量占整个世界核桃贸易量的 50% 以上。我国核桃在 20 世纪 70 ~ 80 年代有过辉煌的历史，出口量占到世界核桃贸易量的 50% 以上，居世界第一。当时我国每年出口的带壳核桃有两条专船驶往德国和英国，占德国和英国市场的 85%。但 1986 年以后，由于我国核桃栽培粗放、品种化程度低，造成产量低、坚果品质差，被突起的美国优质核桃取代，出口量急剧下降，自 20 世纪 90 年代，带壳核桃几乎全部被挤出欧洲市场。目前，只有云南的泡核桃还在中东有市场，北方带壳核桃除在韩国有几百吨的销量外，其他市场无我国的带壳核桃。我国核桃仁的出口量也在下降，目前仅为 1 万吨左右。

目前，我国核桃产量和种植面积均居世界第一。我国核桃的快速发展是从 20 世纪 90 年代开始的。1950 年以前，我国核桃年产量不足 5 万吨，栽培区主要集中在华北和西部地区；1951 ~ 1960 年，年产量曾突破过 5 万吨，但到 1961 年又跌至 4 万吨；1970 年回升至 5.1 万吨。由于当时缺乏核桃良种和有效的无性繁殖技术，栽培处于半野生状况，直到 20 世纪 80 年代核桃的年产量增长依然缓慢。20 世纪 90 年代后，我国选育出早实核桃良种，创制出方块芽接无性繁殖技术，加之国家政策引导和市场的驱动作用，全国核桃产业迎来了前所未有的发展机遇。1990 年核桃产量为 14.95 万吨，到 2000 年达到 30.99 万吨，10 年间核桃产量翻了一番。特别是 2003 年至今，我国核桃年产量以平均每年 13.6% 的速度递增，超过世界核桃年平均增长率 3 个百分点，2012 年核桃栽培面积已达 555 万公顷（1 公顷 = 10^4 米^2），产量达到 201 万吨。目前，我国已成为名副其实的核桃生产大国。

三 核桃栽培技术概况

美国等发达国家从核桃栽植、修剪、施肥、病虫害防治到采收处理等栽培管理工作基本实现机械化，其次是智利、意大利、澳大利亚、法国等国家。

美国并非核桃原产国，而是引进树种国，1867 年始建第一个核桃园，至今栽培历史只有 150 多年。但由于美国十分注重科技开发，1915 年以后就不再用实生苗建园，全部采用嫁接苗建园，20 世纪 70 年代实行了品种化栽培，仅用了 30 年就一跃成为世界核桃的产销大国，并奠定了世界核桃贸易的霸主地位。美国核桃栽培的主要特点如下：

（1）良种化程度高 100% 的核桃园实现了品种化栽培，主栽强特勒（Chandler）、哈特利（Hartley）、希尔（Serr）、维纳（Vina）、图莱尔（Tulare）和豪沃迪（Howard）6 个品种。

（2）栽培管理水平高 美国在核桃栽培过程中，施肥采用叶面营养分析指导配方施肥，灌溉为喷灌、滴灌或微灌，病虫害防治采用生态生物的方法，采收、脱青皮和烘干也全部实现机械化。

我国等发展中国家，核桃的栽植、修剪、施肥、灌溉、病虫害防治和采收处理等栽培管理工作的机械化程度不高，主要依靠人工作业完成。

核桃是我国分布范围最广、栽培面积最大的木本粮油经济树种，是我国山区农民增收最具潜力的特色优势产业。但长期以来栽培粗放，单位面积产量低，品质良莠不齐，资源潜力没有得到充分有效的发挥。为了改变这种栽培现状，全国核桃科技工作者通过不懈的努力，取得了巨大的成绩。1980 年，中国林业科学研究院林业研究所与国内 8 家科研院所联合，经过 10 年努力培育出首批具有自主知识产权的 16 个早实核桃良种；1990 年又在原有攻关协作组的基础上，再次联合国内 9 家科研院所和大专院校组成协作组，在得到国家科技攻关项目（支撑计划）、自然科学基金项目、国家林业局重点项目等 50 余个课题 20 余年的持续资助下，继续针对"新品种"和"粗放经营"中的关键问题开展攻关研究，取得系列突破性技术成果，解决了下面几个核桃生产中主要的技术瓶颈问题：

1）针对核桃无性繁殖的世界性难题，创新性地提出大方块芽接技术措施，使芽接成活率由 1990 年前的 10% 左右，提高到现在的 95% 以上，已成为目前我国北方地区应用最广泛和最高效的核桃繁育技术。

2）针对核桃良种适生性、坚果品质等关键因子，建立区域化和优质化的指标体系，提出了适宜平原地区、低山丘陵区、中山丘陵区栽植的早实品种，为产业发展布局提供了技术支撑。

3）针对核桃作为山区生态经济建设中主要树种的现状，提出了果材兼用型的种植模式，大大提高了土地利用率。核桃树种具有保持水土的良好生态功能，在山区种植核桃，不仅能有效地控制水土流失，而且产生的生态和经济效益十分显著。

4）明确了早实核桃丰产树相指标，建立了花期预测预报模式，以及以花期调控和果实最佳采收期为主的核桃花果发育指标体系。

5）创新和完善了核桃高效栽培技术。

第二章 核桃优良品种

 关键知识点：

　　1）根据当地的气候和土壤条件，选择合适的核桃品种。

　　2）根据管理水平、投资力度，选择符合生产经营目的的核桃品种。

　　3）选择经过省级以上鉴定的，并且在本地引种试验中表现良好的核桃品种。

　　4）选择主栽品种 1~2 个，雌雄花期一致的授粉品种 1 个。

　　我国核桃栽培历史悠久，面积大而分布广，在长期栽培生产中形成了很多农家品种和类型，品种多而杂。大部分核桃为实生繁殖，其后代分离广泛，果实良莠不齐，多数果壳较厚、出仁率低、取仁较难，产量、品质差异很大，缺乏市场竞争力。这也是造成我国核桃产量低、品质差和效益低的主要原因。

第一节　选择品种的标准

 一　核桃的分类

　　胡桃科在我国有 7 属 27 种，其中胡桃属（*Juglans*）、山核桃属（*Carya*）和喙核桃属（*Annamocarya*）部分种的坚果具有食用价值。胡桃属植物在分类上属于被子植物门，双子叶植物纲，胡桃科。它在世界上的分布很广，在欧洲、亚洲、南美洲、北美洲、大洋洲的 40 多个国家都有不同程度的种植。《中国核桃种质资源》（2011）一书中记述我国现有胡桃属植物有 3 组 9 种，即：

核桃组：核桃（*J. regia* L.）

　　　　泡核桃（*J. sigillata* Dode）

核桃楸组：核桃楸（*J. mndshuricaa* Max）

　　　　麻核桃（*J. hopeiensis* Hu）

　　　　野核桃（*J. cathayensis* Dode）

　　　　心形核桃（姬核桃）（*J. cordiformis* Max）

　　　　吉宝核桃（鬼核桃）（*J. sieboldiana* Max）

黑核桃组：黑核桃（*J. nigra* L.）

　　　　北加州黑核桃（函兹核桃）（*J. hindsii* Rehd）

二　核桃优良品种的特点

栽培核桃优良品种能在丰产、优质的基础上，降低管理成本，适应生产和消费者的需要，如抗性（抗病虫害、抗寒、抗土壤盐碱、抗瘠薄等）好、种仁品质（耐贮性、蛋白质含量、脂肪含量、营养、风味等）优良、材质好等，获得更好的效益。早实核桃优良品种是由其生物学特性决定的，其特点如下：

1）幼龄期短，开始结果较早。对于多年生果树来说，缩短幼龄期是提高经济效益的重要方面之一。我国早前栽培的核桃大多为晚实核桃，通常 8 ~ 10 年才开始结果。从 20 世纪 50 年代开始，在各地进行果树资源调查，选择结果早的资源。首先，在陕西省扶风县发现隔年核桃，即播种后第二年开始结果，后来又在新疆发现早实核桃。从 20 世纪 60 年代开始，各地相继开始引种和栽培早实核桃。由于早实核桃结果早，经济效益和产量高，因此，各地科研人员以结果早的核桃作为优良品种的重要特性进行选种和育种，已选育出具有早实性状的品种。

2）分枝力强，是不断扩大树冠和增加产量的基础。早实核桃的早期大量分枝是区别于晚实核桃的主要生物学特性之一。早实核桃从第二年就开始分枝，其发枝率达30% ~ 43%，单株分枝量最多达18个；2 年生晚实核桃的分枝率只有 6.5%，其余只有顶芽抽生 1 个延长枝。4 年生早实核桃的平均分枝数达 32 个左右，最多的达 95 个；而晚实核桃平均分枝数只有 6 个左右，最多 9 个。

> **提示** 二次分枝是早实核桃区别于晚实核桃的又一特性。所谓二次分枝是指春季一次枝生长封顶以后，由近顶部 1~3 个芽再次抽生新枝；而晚实核桃一年只抽生一次枝。

3）经济性状主要是指坚果的品质和产量。坚果的品质是衡量核桃品种优劣的主要条件之一，由许多性状构成，通常包括坚果的大小、形状、外部特征、壳皮厚薄、取仁难易、种仁饱满度、出仁率、种仁风味、内种皮颜色、脉络、种仁的含油量、耐贮运程度等。

① 坚果果形端正、中等大小、壳面光滑、色泽浅亮为优良。当带壳销售时，缝合线紧而平，耐漂洗也是优点之一。仁用品种的核壳厚度及内褶壁质地也是影响品质的方面。优良品种的壳厚应在 1.3 毫米左右，内隔膜延伸较窄且为纸质，内褶壁不发达或退化。种仁充实、饱满，呈乳黄色或浅琥珀色。出仁率以 50%~60% 为好，出仁率过高，往往壳薄或种仁过于充实，紧贴核壳，易砸碎种仁。因此，种仁与核壳之间应有一定空隙，这在机械加工取仁时尤为重要。国内外研究资料显示，实生繁殖的后代，其坚果大小、壳皮颜色及形状等方面变化明显而不稳定；但是，坚果壳皮的厚薄和出仁率及取仁难易等方面则是相对稳定的。中国林业科学研究院林业研究所经研究认为，核桃在自然授粉的实生后代中，大部分优良品种能保持母树的坚果壳皮厚度、取仁难易的性状，单坚果大小、坚果重量却表现出较大的变异，这种变异与遗传因素、环境条件、栽培管理、结实量的多少及采种部位等都有很大的关系。

② 核桃产量的高低，除了受立地条件和栽培管理技术制约外，还受品种差异的影响较大。根据辽宁经济林研究所的调查材料，在相同条件下栽培的 7 年生不同品种的早实核桃产量可相差约 2 倍。这种差异是由核桃品种的内在因素，即生长与开花结果特性决定的，受遗传性制约。核桃产量的影响因素主要包括结果母枝数、侧生果枝率、坐果率、坚果单果重等。具有丰产特性的品种，结果母枝上混合芽数量多、发芽率也高，特别是侧生花芽率高，这是重要的丰产性状。

4）耐寒性是指核桃品种在生命周期和年周期中，适应或抵御 0℃ 以下低温和早春晚霜的能力。有的品种春季开花较早，常受晚霜危害而造成大量减产；而有的品种开花较晚，能够避开晚霜危害。有的品种当气温降到 -2℃ 以下即发生冻害，而有的品种能在 -25℃，甚至 -30℃ 的低温条件下安全越冬。

5）抗风性是指核桃品种抵御大风的能力。大风可以造成核桃果实大量脱落，特别是果实开始硬核以后，有的品种遇到 8 级以上的大风，常出现大量果实脱落；而有的品种遇到 11 级以上的大风也很少有果实脱落。果实大、果柄长的品种落果多；果实较小且果柄较短的品种落果少，甚至不落果，抗风能力强。

6）抗病性是指核桃品种对主要核桃病害的免疫力。在我国，对核桃造成严重危害的病害主要是细菌性黑斑病和炭疽病，常造成果实大量霉烂而减产甚至绝收。因此，在选择优良品种时，抗病性是很重要的参考因素。

三　选种时考虑的因素

优良品种是建园的基础，也是丰产稳产的保证。因此，建园品种的选择是核桃安全高效生产的关键。目前，通过国家级和省级鉴定的核桃品种有 100 余个，但不一定都适合当地种植。选择品种前应对当地的气候、土壤、降水量等自然条件和待选核桃品种的生长习性等进行全面的调查研究。在选择品种时，应重点考虑以下几个方面：

1. 充分考虑品种的生态适应性

品种的生态适应性是指经过引种、驯化栽培后，品种完全适应当地气候环境，园艺性状和经济特性等符合当地的推广要求。因此，选择品种时一定要选择经过省级以上鉴定的，并且在本地引种试验中表现良好，适宜在本地推广的品种。确定品种之前，应看专家的引种报告，实地考察当地品种示范园，根据不同品种的生长结果习性和当地的气候、日照、土壤与降水等自然因素，从而判断品种是否符合生态适应性要求，切勿盲目栽植。一般来讲，北方品种引种到南方能正常生长，南方品种引种到北方则需要慎重，必须经过严格的区域试验。

2. 因地选择主栽品种

选择主栽品种时，要充分考虑品种对土壤、肥力、管理水平、投资力度等条件的要求，选择符合生产经营目的的核桃良种。早实核桃结果早，丰产性强，嫁接后 2～3 年即可挂果，早期产量高，适于矮化密植，但有的品种抗病性、抗逆性较差，适宜在肥水充足、管理较好的条件下栽培。有的品种适应性、抗逆性较强，可在山区丘陵、管理较差的条件下栽培。

3. 注意雌雄花期一致的品种搭配

各地应根据不同品种的主要特性，以及当地的立地条件及管理水平，选择 3～5 个最适品种重点发展。每个核桃园选择的品种不宜太多，以 1～2 个主栽品种为宜，目的是为了方便管理与降低生产成本；同时要选择 1～2 个雌雄花期一致的授粉品种，按（8～10）:1 的比例，呈带状或交叉状配置。

第二节　核桃品种

一　早实品种

1. 香玲（彩图 1）

香玲是山东省果树研究所以上宋 6 号和阿克苏 9 号为亲本杂交育成的早实核桃品种，1989 年定名。

该品种树势较强，树姿较直立，分枝力较强，树冠呈半圆形。侧生混合芽比率为 81.7%，雌花序多着生 2 朵雌花，坐果率在 60% 左右。坚果近圆形，果基平圆，果顶微尖，平均单果重 12.2 克。壳面光滑，缝合线窄而平，结合紧密，外形美观。壳厚 0.8～1.1 毫米，内褶壁退化，横隔膜膜质，种仁充实饱满，易取整仁，出仁率为 62%～64%。

该品种在山东省泰安地区于 3 月下旬萌发，4 月 10 日左右为雄花期，4 月 20 日左右为雌花期，属雄先型。8 月下旬坚果成熟，11 月上旬落叶。

该品种的适应性较强，较抗寒，耐旱，易早衰，具有早期丰产的特性，盛果期产量较高，大小年不明显。适宜在土层深厚的山地、丘陵地区和平原林粮间作栽培种植。目前，在我国北至辽宁，南至贵州、云南，西起西藏、新疆，东至山东等地都有大面积栽培。

2. 岱丰（彩图 2）

岱丰是山东省果树研究所从早实核桃丰辉实生后代中选出的品种，2012 年通过国家林木品种审定委员会审定。

该品种树势较强，树姿直立，树冠呈圆头形。枝条较粗壮，混合芽饱满，芽座小，侧生混合芽比率为 89%，坐果率为 70%，多双果和三果。坚果呈长椭圆形，果基呈圆形，果顶微尖，单果重 13.0～15.0 克。壳面较光滑，缝合线紧密，稍凸。壳厚 0.9～1.1 毫米，内褶壁膜质，纵隔膜不发达，种仁饱满，易取整仁，出仁率为 55%～60%。

该品种在山东省泰安地区于 3 月下旬萌发，4 月上旬为雄花期，4 月中旬雄花开放，4 月下旬雌花开放，属雄先型。9 月上旬坚果成熟，11 月上旬落叶。其雌花期与鲁果 3 号等雌先型品种的雄花期基本一致，可作为授粉品种。

3. 岱辉（彩图 3）

岱辉是山东省果树研究所自实生后代选育而得，2004 年通过山东省林木品种审定委员会审定。

该品种树姿开张，树冠密集紧凑，呈圆形。枝条粗壮，分枝力强。嫁接苗定植后，第一年开花，第二年开始结果，坐果率为 77%，多双果和三果。坚果呈圆形，单果重 11.6～14.2 克。壳面较光滑，缝合线紧而平。壳厚 0.8～1.1 毫米，种仁饱满，可取整仁，出仁率为 58.5%。

该品种在山东省泰安地区于 3 月中旬萌发，3 月下旬发芽，4 月 10 日左右为雄花期，4 月中旬雌花开放，属雄先型。9 月上旬坚果成熟，11 月中下旬落叶。

4. 岱香（彩图 4）

岱香是山东省果树研究所以辽宁 1 号和香玲为亲本杂交育成，2012 年通过国家林木品种审定委员会审定。

该品种属矮化紧凑型，树姿开张，树冠呈圆形。1 年生枝为绿色、粗壮、髓心小、节间短，侧生混合芽比率为 95%，坐果率为 70%，多双果和三果。坚果呈圆形，浅黄色，果基呈圆形，果顶微尖，单果重 13.0～15.6 克。壳面较光滑，缝合线紧密，粗而稍凸。壳厚 0.9～1.2 毫米，种仁饱满，易取整仁，出仁率为 55%～60%。

该品种在山东省泰安地区于 3 月下旬发芽，4 月中旬雄花开放，4 月下旬为雌花期，属雄先型。9 月上旬坚果成熟，11 月上旬落叶。其雌花期与辽宁 5 号、鲁果 6 号等雌先型品种的雄花期基本一致，可互为授粉品种。

5. 鲁光（彩图 5）

鲁光是山东省果树研究所以新疆卡卡孜和上宋 6 号为亲本杂交育成的早实核桃品种，1989 年定名。

该品种树势中庸，树姿开张，树冠呈半圆形。嫁接后第 2 年开始形成混合芽，侧生混合芽比率为 80.8%，分枝力较强，以长果枝结果为主，坐果率在 65% 左右。坚果呈长圆形，果基呈圆形，果顶微尖，单果重 15.0~17.0 克。壳面光滑，缝合线窄而平，结合紧密，外形美观。壳厚 0.8~1.0 毫米，内褶壁退化，横隔膜膜质，种仁充实饱满，易取整仁，出仁率在 59% 左右。

在山东省泰安地区于 4 月 10 日左右为雄花期，4 月 18 日左右为雌花期，属雄先型。8 月下旬坚果成熟，10 月下旬落叶。

该品种不耐旱，早期生长势较强，产量中等，盛果期产量较高。适宜在土层深厚的山地、丘陵地区栽培。

6. 秋香（彩图 6）

秋香是山东省果树研究所以泰勒为母本杂交育成，2004 年定为优株，2015 年通过山东省林木品种审定委员会审定。

该品种树姿直立，生长势强。树干呈灰白色，光滑，有浅纵裂。当年生新枝呈绿褐色，光滑，粗壮。侧生花芽率在 75% 以上，多双果和三果，坐果率在 85% 以上。平均单果重 13.0 克，壳面较光滑，有网络状沟纹，缝合线紧、平。壳厚 1.0 毫米，易取整仁，出仁率为 53%。

该品种萌芽晚，在山东省泰安地区一般于 3 月底萌发，4 月 10 日左右萌芽，雌花期在 4 月 20 日左右，比香玲晚 2 周，可有效避开晚霜危害。坚果于 9 月上旬成熟。

7. 硕香（彩图 7）

硕香是山东省果树研究所从早实核桃实生苗中选育的，2015 年通过山东省林业厅组织的专家验收。

该品种树势中庸，树姿较开张，分枝力强，树冠呈半圆形。坐果率在 80% 左右，侧生混合芽比率在 75% 以上，多双果和三果。坚果呈椭圆形，果基平圆，果顶平圆，果肩微凸。单果重 12.0~14.0 克。壳面刻沟浅，较光滑，缝合线平，结合紧密。壳厚 1.1~1.3 毫米，内褶壁退化，横隔膜膜质，种仁充实饱满，可取整仁，出仁率为 55%~59%。该品种丰产稳产性强。

该品种在山东省泰安地区于 3 月下旬萌发，4 月中旬为雄花期，4 月下旬为雌花期，属雄先型。8 月下旬坚果成熟。

8. 鲁果2号（彩图8）

鲁果2号是山东省果树研究所从早实核桃实生后代中选育的，2012年通过国家林木品种审定委员会审定。

该品种树姿较直立，树冠呈圆锥形。当年生枝呈浅褐色，粗壮；混合芽呈圆形，中等大小，芽座小；侧生混合芽比率为73.6%，坐果率为68%，多双果和三果。坚果呈圆柱形，基部一侧微隆，另一侧平圆，果顶呈圆形，单果重14.0~16.0克。壳面较光滑，有浅刻纹，浅黄色，缝合线平，结合紧密。壳厚0.8~1.0毫米，内褶壁退化，横隔膜膜质，种仁充实饱满，易取整仁，出仁率为56%~60%。蛋白质含量为22.3%（质量分数），脂肪含量为71.4%（质量分数）。

该品种在山东省泰安地区于3月下旬萌发，4月上旬为雄花期，4月10日左右为雄花盛期，4月中旬雌花开放，属雄先型。8月下旬坚果成熟。

9. 鲁果3号（彩图9）

鲁果3号是山东省果树研究所从早实核桃实生后代中选育的，2007年通过山东省林木品种审定委员会审定。

该品种树势较强，树姿开张，树冠呈圆形。1年生枝呈深绿色，粗壮，侧生混合芽比率为87%，坐果率为70%，多三果。坚果近圆形，基部呈圆形，果顶平圆，单果重11.0~12.8克。壳面较光滑，浅黄色，缝合线结合紧密，两侧具有刻窝。壳厚0.9~1.1毫米，内褶壁膜质，纵隔膜不发达，种仁充实饱满，易取整仁，出仁率为58%~65%。

该品种在山东省泰安地区于3月下旬萌发，4月中旬雌花开放，4月下旬为雄花期，属雌先型。9月上旬坚果成熟，11月上旬落叶。

该品种为早实核桃雄先型品种的授粉树，丰产稳产性强，坚果外观不端正，种仁色浅，味香不涩。

10. 鲁果4号（彩图10）

鲁果4号是山东省果树研究所自实生后代中选育出的大果型核桃品种，2007年通过山东省林木品种审定委员会审定。

该品种树姿较直立，树冠呈长圆头形。1年生枝呈浅绿色，髓心小；混合芽呈圆形，饱满，侧生混合芽比率为85%，坐果率为70%，多双果。坚果呈长圆形，果基、果顶均平圆，单果重16.5~23.2克。壳面较光滑，缝合线紧密，稍凸，不易开裂。壳厚1.0~1.2毫米，内褶壁膜质，纵隔膜不发达，种仁饱满，可取整仁，出仁率为52%～56%。坚果综合品质上等。

该品种在山东省泰安地区于3月下旬萌发，4月中旬雄花开放，4月下旬为雌花期，属雄先型。9月上旬坚果成熟，11月上旬落叶。

该品种短枝结果，坚果大，外观光滑美观，适宜带壳销售。

11. 鲁果5号（彩图11）

鲁果5号是山东省果树研究所实生选育出的大果型核桃品种，2007年通过山东省林木品种审定委员会审定。

该品种树势强，树姿开张，树冠呈圆头形。嫁接苗定植后第一年开花，第二年开始结果，坐果率为87%，多双果。坚果呈长卵圆形，果基平圆，果顶尖圆，单果重16.7～23.5克。壳面较光滑，缝合线紧平。壳厚0.9～1.1毫米，内褶壁退化，横隔膜膜质，种仁饱满，可取整仁，出仁率为55.36%。坚果综合品质上等。

该品种在山东省泰安地区于3月下旬萌发，4月中旬雄花开放，4月下旬为雌花期，属雄先型。9月上旬坚果成熟，11月上旬落叶。其雌花期与鲁果3号等雌先型品种的雄花期基本一致，可作为授粉品种。

该品种长枝结果，坚果大，外观光滑美观，可带壳销售。

12. 鲁果6号（彩图12）

鲁果6号是山东省果树研究所从早实核桃实生后代中选出的核桃品种，2009年通过山东省林木品种审定委员会审定。

该品种树势中庸，树姿较开张，树冠呈圆形。1年生枝呈黄绿色，分枝力较强。侧生混合芽比率为61.7%，坐果率为60%，多双果和三果。坚果呈长圆形，果基尖圆，果顶微尖，平均单果重14.4克。壳面刻沟浅，光滑美观，浅黄色，缝合线窄而平，结合紧密。壳厚1.2毫米左右，内褶壁退化，横隔膜膜质，种仁充实饱满，易取整仁，出仁率为55.36%。

该品种在山东省泰安地区于3月下旬萌发，4月7日左右为雌花期，4月13日左右雄花开放，属雌先型。8月下旬坚果成熟，11月上旬落叶。

13. 鲁果7号（彩图13）

鲁果7号是山东省果树研究所以香玲和华北晚实核桃优株为亲本杂交育成的早实核桃品种，2009年通过山东省林木品种审定委员会审定。

该品种树势较强，树姿较直立，树冠呈半圆形。1年生枝呈深绿色，粗壮，分枝力较强。侧生混合芽比率为84.7%，坐果率为70%。坚果呈圆形，果基、果顶均呈圆形，平均单果重13.2克。壳面较光滑，缝合线平，结合紧密，不易开裂。壳厚0.9~1.1毫米，内褶壁膜质，纵隔膜不发达，种仁饱满，易取整仁，出仁率为56.9%。

该品种在山东省泰安地区于3月下旬萌发，4月中旬雄花、雌花均开放，雌花和雄花的花期极为相近，但属于雄先型。9月上旬坚果成熟，11月上旬落叶。

该品种与香玲的坚果外观相似，端正美观，较抗黑斑病。

14. 鲁果8号（彩图14）

鲁果8号是山东省果树研究所从岱香实生后代中选出的品种，2009年通过山东省林木品种审定委员会审定。

该品种树姿较直立，树冠呈长圆形。嫁接苗定植后，第一年开花，第二年开始结果，侧生混合芽比率为80%，坐果率为70%，多双果。坚果呈近圆形，平均单果重12.6克。壳面较光滑，缝合线紧密，窄而稍凸，不易开裂。壳厚1毫米，内褶壁膜质，纵隔膜不发达，种仁饱满，可取整仁，出仁率为55.1%。

该品种在山东省泰安地区于3月底萌发，4月中旬雄花开放，4月下旬雌花开放，属雄先型。在开花结果期间，由于其发芽期相对较晚，较少遭遇晚霜危害。9月上旬坚果成熟，11月上旬落叶。

该品种发芽较晚，抗晚霜危害，适宜高海拔区域栽植。

15. 鲁果9号（彩图15）

鲁果9号是山东省果树研究所从早实核桃实生后代中选出的品种，2012年定名并通过山东省林木品种审定委员会审定。

该品种的坚果呈锥形，果顶尖圆，果基呈圆形，壳面光滑，缝合线紧、平。平均单果重13.0克。壳厚1.1毫米，易取整仁。种仁饱满，浅黄色，味香不涩，出仁率为55.5%，脂肪含量为65.8%（质量分数），蛋白质含量为22.7%（质量分数），坚果综合品质优良。

该品种树势中庸，树姿开张。分枝力强，坐果率在70%左右，侧生花芽率为85.2%，多双果和三果，以中短果枝结果为主。在山东省泰安地区于3月下旬发芽，4月初展叶，4月上中旬雄花开放，4月中下旬雌花开放，属雄先型。8月下旬果实成熟，11月上旬落叶。

该品种坚果整齐，易漂洗，耐储运，丰产稳产。

16. 鲁果 10 号（彩图 16）

鲁果 10 号是山东省果树研究所从早实核桃实生后代中选出的品种，2012 年定名并通过山东省林木品种审定委员会审定。

该品种的坚果呈圆形，平均单果重 11.0 克，壳面光滑，缝合线紧、平。壳厚 0.8 毫米，易取整仁。种仁饱满，浅黄色，味香，出仁率为 65.2%，脂肪含量为 62.2%（质量分数），蛋白质含量为 19.2%（质量分数），品质优良。

该品种树姿开张，树势稳健。分枝力强，坐果率为 70.7%，侧生花芽率为 79.6%，多双果和三果，以中果枝结果为主。在山东省泰安地区于 3 月下旬发芽，4 月上中旬雄花开放，4 月中下旬雌花开放，属雄先型。8 月下旬果实成熟，11 月上旬落叶。

17. 鲁果 11 号（彩图 17）

鲁果 11 号是山东省果树研究所从早实核桃实生后代中选出的品种，2012 年定名并通过山东省林木品种审定委员会审定。

该品种的坚果呈长椭圆形，平均单果重 17.2 克，壳面光滑，缝合线紧、平。壳厚 1.3 毫米，易取整仁。种仁饱满，浅黄色，味香，出仁率为 52.9%，脂肪含量为 67.4%（质量分数），蛋白质含量为 18.1%（质量分数），品质优良。

该品种树势强健，树姿直立。枝条粗壮，分枝力强，坐果率为 72.7%，侧生花芽率为 81.6%，多双果和三果，以中短果枝结果为主。在山东省泰安地区于 3 月下旬发芽，4 月上中旬雄花开放，4 月中下旬雌花开放，属雄先型。8 月下旬果实成熟，11 月上旬落叶。

该品种为大型果，种仁色浅，无涩味，适宜带壳销售。

18. 鲁果 12 号（彩图 18）

鲁果 12 号是山东省果树研究所从早实核桃实生后代中选出的品种，2012 年定名并通过山东省林木品种审定委员会审定。

该品种的坚果呈圆形，平均单果重 12.0 克，壳面较光滑，缝合线紧、平。壳厚 0.8 毫米，易取整仁。种仁饱满，浅黄色，味香，出仁率为 69.0%，脂肪含量为 61.7%（质量分数），蛋白质含量为 21.6%（质量分数），品质优良。

该品种树姿开张，树势健壮。分枝力强，坐果率为66.7%，侧生花芽率为71.6%，多双果。在山东省泰安地区于3月下旬发芽，4月上中旬雌花开放，4月中下旬雄花开放，属雌先型。8月底果实成熟，11月上旬落叶。早实、丰产、抗寒性强。

19. 鲁核1号（彩图19）

鲁核1号是山东省果树研究所从早实核桃实生后代中选出的品种。1996年定为优系，1997～2001年进行复选、决选，2002年定名。2012年通过国家林木品种审定委员会审定。

该品种的坚果呈圆锥形，壳面光滑，缝合线紧，不易开裂，耐清洗、漂白及运输。平均单果重13.2克，壳厚1.2毫米，可取整仁。内种皮呈浅黄色，无涩味，种仁饱满，有香味；出仁率为55.0%，脂肪含量为67.3%（质量分数），蛋白质含量为17.5%（质量分数），坚果综合品质优良。

该品种树势强，生长快，树姿直立。母枝分枝力强，坐果率为68.7%，侧生花芽率为73.6%，多双果，以中长果枝结果为主。在山东省泰安地区于3月下旬发芽，4月初展叶，4月中旬为雄花期，4月下旬为雌花期，属雄先型。8月下旬果实成熟，11月上旬落叶。

该品种表现速生、早实、优质、抗逆性强；坚果光滑美观，种仁饱满、色浅、味香不涩，坚果品质优良，是一个优良的果材兼用型核桃新品种。

20. 薄丰

薄丰是河南林业科学研究院1989年育成，从河南嵩县山城新疆核桃实生园中选出的品种。

该品种树势强，树姿开张，分枝力较强，树冠呈圆头形。嫁接后第二年开始形成雌花，第三年出现雄花，以中短果枝结果为主，坐果率在64%左右。坚果呈卵圆形，果基呈圆形，果顶尖，单果重11.0～14.0克。壳面光滑，缝合线窄而平，结合紧密，外形美观。壳厚0.9～1.1毫米，内褶壁退化，横隔膜膜质，种仁充实饱满，浅黄色，可取整仁，出仁率为55%～58%。

该品种在河南省3月下旬萌发，4月上旬雄花散粉，4月中旬为雌花盛花期，属雄先型。9月初坚果成熟，10月中旬开始落叶。

21. 绿波

绿波是河南林业科学研究院1989年育成，从新疆核桃实生后代中选出的品种。

该品种树势强，树姿开张，分枝力中等。以短果枝结果为主，坐果率在69%左右，多为双果。坚果呈卵圆形，果基呈圆形，果顶尖，单果重11.0～13.0克。壳面较光滑，缝合线较窄而凸，结合紧密。壳厚0.9～1.1毫米，内褶壁退化，种仁充实饱满，浅黄色，出仁率为54%～59%。

该品种在河南省于3月下旬萌发，4月上中旬为雌花盛花期，4月中下旬雄花开始散粉，属雌先型。8月底坚果成熟，10月中旬开始落叶。

22. 辽核1号（彩图20）

辽核1号是在1980年由辽宁省经济林研究所以河北昌黎大薄皮10103优株×新疆纸皮11001优株为亲本杂交育成的品种。

该品种树势强，树姿直立或半开张，分枝力强，枝条粗壮、密集。结果枝为短枝型果枝，坐果率在60%左右，多双果。坚果呈圆形，果基平或圆，果顶略呈肩状，平均单果重10.0克左右。壳面较光滑，缝合线微隆起，结合紧密。壳厚0.9毫米左右，内褶壁退化，种仁充实饱满，黄白色，出仁率为59.6%。

该品种在辽宁省大连地区于4月中旬萌发，5月上旬雄花散粉，5月中旬为雌花盛花期，属雄先型。9月下旬坚果成熟，11月上旬落叶。

该品种枝条粗短，树体矮化，早实，丰产，适宜密植栽培。

23. 辽核3号（彩图21）

辽核3号是在1989年由辽宁省经济林研究所以河北昌黎大薄皮10103优株×新疆纸皮11001优株为亲本杂交育成的品种。

该品种树势中等，树姿开张，分枝力强，枝条多密集。坐果率在60%左右，多双果或三果。坚果呈椭圆形，果基呈圆形，果顶圆并凸尖，平均单果重10.0克左右。壳面较光滑，色浅，缝合线微隆起，结合紧密。壳厚1.1毫米左右，内褶壁退化，种仁充实饱满，黄白色，出仁率为59.6%。

该品种在辽宁省大连地区于4月中旬萌发，5月上旬雄花散粉，5月中旬为雌花盛花期，属雄先型。9月下旬坚果成熟，11月上旬落叶。

该品种枝条密集，节间短，树体矮化，适宜密植栽培。

24. 辽核5号（彩图22）

辽核5号是在1990年由辽宁省经济林研究所以新疆薄壳3号的20905

优株×新疆露仁 1 号的 20104 优株为亲本杂交育成的品种。

该品种树势中等，树姿开张，分枝力强，果枝短，属于短枝型。坐果率在 80% 左右，多双果或三果。坚果呈长扁圆形，果基呈圆形，果顶呈肩状，微凸尖，平均单果重 10.3 克。壳面光滑，色浅，缝合线宽而平，结合紧密。壳厚 1.1 毫米，内褶壁退化，种仁饱满，可取整仁，出仁率为 54.4%。

该品种在辽宁省大连地区于 4 月上中旬萌发，4 月下旬或 5 月上旬为雌花盛花期，5 月中旬雄花散粉，属雌先型。9 月中旬坚果成熟，11 月上旬落叶。

该品种果枝短，节间短，树冠矮小，早产，丰产。

25. 辽核 7 号（彩图 23）

辽核 7 号是在 1990 年由辽宁省经济林研究所以新疆纸皮核桃实生后代中的早实后代 21102 优株×辽宁朝阳大麻核桃为亲本杂交育成的品种。

该品种树势强，树姿开张或半开张，中短果枝较多，坐果率在 60% 左右。坚果呈圆形，果基、果顶均呈圆形，平均单果重 10.7 克。壳面极光滑，缝合线窄而平。壳厚 0.9 毫米，内褶壁膜质或退化，种仁充实饱满，可取整仁，出仁率为 62.6%。

该品种在辽宁省大连地区于 4 月中旬萌发，5 月上中旬雄花散粉，5 月中旬为雌花盛花期，属雄先型。9 月下旬坚果成熟，11 月上旬落叶。

该品种早实、丰产、稳产，坚果品质优良，适宜在我国北方核桃产区栽培。

26. 辽核 10 号（彩图 24）

辽核 10 号是在 2006 年由辽宁省经济林研究所以新疆薄壳 5 号的 60202 优株×新疆纸皮 11004 优株为亲本杂交育成的品种。

该品种树势强，树姿直立或半开张，分枝力强，以中短果枝结果为主，坐果率为 62%，多双果。坚果呈长圆形，果基微凹，果顶圆而微尖，平均单果重 16.5 克左右。壳面光滑，色浅，缝合线窄而平或微隆起，结合紧密。壳厚 1 毫米，内褶壁膜质或退化，种仁充实饱满，出仁率为 62.4%。

该品种在辽宁省大连地区于 4 月中旬萌动，5 月上旬为雌花盛花期，5 月中旬雄花散粉，属雌先型。9 月中旬坚果成熟，11 月上旬落叶。

该品种早实，丰产性好，坚果大而品质优良，适宜在我国北方核桃产区栽培。

27. 寒丰（彩图 25）

寒丰是在 1992 年由辽宁省经济林研究所以新纸皮×日本心形核桃为亲本杂交育成的品种。

该品种树势强，树姿直立或半开张，分枝力强，以中短果枝结果为主，在不授粉的条件下，坐果率可达 60% 以上，具有很强的孤雌生殖能力，多双果。坚果呈长阔圆形，果基呈圆形，果顶略尖。坚果较大，平均单果重 14.4 克。壳面光滑，色浅。缝合线窄而平或微隆起。壳厚 1.2 毫米左右，内褶壁膜质或退化，种仁充实饱满，黄白色，可取整仁或半仁，出仁率为 54.5%。

该品种在辽宁省大连地区于 4 月中旬萌发，5 月中旬雄花散粉，5 月下旬为雌花盛花期，属雄先型。雌花盛花期最晚可延迟到 5 月末，比一般雌先型品种晚 20 ~ 25 天。9 月中旬坚果成熟，11 月上旬落叶。

该品种抗早春晚霜，孤雌生殖能力强，坚果品质优良，特别适宜在我国北方容易遭受春寒危害而造成大量减产甚至绝产的地区栽培。

28. 中林 1 号（彩图 26）

中林 1 号是中国林业科学研究院林业研究所以洺 9-7-3×汾阳串子为亲本杂交育成的品种，1989 年定名。

该品种树势较强，树姿较直立，树冠呈椭圆形。分枝力强，为 1:5，结果枝为中短枝型果枝，坐果率为 50% ~ 60%，以双果、单果为主。嫁接后第二年结果。坚果呈圆形，果基呈圆形，果顶扁圆，平均单果重 14.0 克，壳面较粗糙，缝合线中宽且凸起，结合紧密。壳厚 1 毫米左右，内褶壁略延伸且膜质，横隔膜膜质，种仁饱满，浅至中等颜色，可取整仁或半仁，出仁率为 54%。

该品种在北京地区于 4 月中旬发芽，4 月下旬为雌花盛花期，5 月初雄花散粉，属雌先型。9 月上旬坚果成熟，10 月下旬落叶。

29. 中林 3 号（彩图 27）

中林 3 号是中国林业科学研究院林业研究所以洺 9-9-15×汾阳穗状核桃为亲本杂交育成的品种，1989 年定名。

该品种树势较旺，树姿半开张，分枝力较强。嫁接后第二年结果。坚果呈椭圆形，平均单果重 11.0 克。壳中色，较光滑，缝合线窄而凸起，结合紧密。壳厚 1.2 毫米，内褶壁退化，横隔膜膜质，种仁饱满，色浅，可取整仁，出仁率为 60%。

该品种在北京地区 4 月下旬雌花开放，5 月初雄花散粉，属雌先型。9 月初坚果成熟，10 月末落叶。

该品种适应性较强，较易嫁接繁殖，种仁品质上等，适宜西北、华北山地栽培，也可作为果林兼用树种。

30. 中林 5 号（彩图 28）

中林 5 号是中国林业科学研究院林业研究所以涧 9-11-12 × 涧 9-11-15 为亲本杂交育成的品种，1989 年定名。

该品种树势中庸，树姿较开张，树冠呈长椭圆至圆头形。分枝力较强，以短果枝结果为主，多双果。坚果呈圆形，果基、果顶均平，平均单果重 13.3 克。壳面较光滑，色浅，缝合线窄而平，结合紧密。壳厚 1 毫米，内褶壁膜质，横隔膜膜质，种仁充实饱满，可取整仁，出仁率为 58%。

该品种在北京地区 4 月下旬为雌花盛花期，5 月初雄花散粉，属雌先型。8 月下旬坚果成熟，10 月下旬或 11 月初落叶。

该品种无须漂白，宜带壳销售；适宜华北、中南、西南年平均温度为 10℃ 左右的地区栽培，尤其适宜进行密植栽培。

31. 陕核 1 号

陕核 1 号是陕西省果树研究所从扶风隔年核桃的实生后代中选育而成的品种，1989 年通过林业部（现国家林业局）鉴定。

该品种树势较旺，树姿较开张，分枝力较强，以中短果枝结果为主。侧生混合芽结果率为 47%，每个果枝平均坐果 1.4 个。坚果近卵圆形，果基、果顶均为圆形，单果重 11.7 ～ 12.6 克。壳面麻点稀而少，壳厚 1 毫米左右，种仁饱满，可取整仁或半仁，出仁率为 61.84%。

该品种在陕西省关中地区于 4 月上旬发芽，4 月下旬为雌花盛花期，5 月上旬雄花散粉，属雌先型。9 月上旬坚果成熟，10 月中旬开始落叶。

该品种适应性较强，抗寒、抗旱、抗病力强，适宜土壤条件较好的丘陵、川塬地区栽培。

32. 西扶 1 号（彩图 29）

西扶 1 号是西北林学院（现西北农林科技大学）从扶风隔年核桃实

生后代中选育而成的品种，1989年通过林业部（现国家林业局）鉴定。

该品种树势旺盛，树姿半开张，树冠呈自然圆头形。无性系第二年开始结果。枝条粗壮，分枝力为1:2.2，侧生混合芽结果率为85%，每个果枝平均坐果1.73个。果实呈椭圆形，平均单果重10.3克，壳面较光滑，缝合线微隆起，结合紧密，壳厚1.1毫米，可取整仁，出仁率为56.21%。

该品种在陕西省关中地区于4月上旬发芽，4月下旬为雄花盛花期，5月初为雌花盛花期，属雄先型。9月中旬坚果成熟。

该品种适应性较强，抗寒、抗旱、抗病力强。坐果率高，丰产性强，适于密植栽培，应注意疏果和加强肥水管理。

二　晚实品种

1. 晋龙1号（彩图30）

晋龙1号是山西省林业科学研究所（现山西省林业科学研究院）从山西省汾阳晚实实生核桃群体中选出的品种，1990年通过山西省科技厅鉴定。

该品种主干明显，分枝力中等，树冠呈自然圆头形。顶芽为混合芽，每个雌花序多着生2朵雌花，坐果率在65%左右，多为双果。坚果近圆形，果基微凹，果顶平，单果重13.0~16.35克。壳面较光滑，有小麻点，缝合线较窄而平，结合紧密。壳厚0.9~1.12毫米，内褶壁退化，横隔膜膜质，种仁充实饱满，色浅，出仁率为60%~65%。

该品种在晋中于4月下旬萌发，5月上旬为盛花期，5月中旬大量散粉，属雄先型。9月中旬坚果成熟，10月下旬落叶。

该品种抗寒、抗旱、抗病力强。晋中以南海拔在1000米以下地区不受霜冻危害。该品种适宜华北、西北地区栽培。

2. 晋龙2号（彩图31）

晋龙2号是山西省林业科学研究所（现山西省林业科学研究院）从山西省汾阳晚实实生核桃群体中选出的品种，1994年通过山西省科技厅鉴定。

该品种树势强，树姿开张，分枝力中等，树冠呈半圆形。坐果率在65%左右。坚果呈圆形，单果重14.6~16.82克。壳面光滑，缝合线较窄而平，结合紧密。壳厚 1.12~1.26 毫米，内褶壁退化，横隔膜膜质，种仁饱满，色浅，可取整仁，出仁率为 54%~58%。

该品种在晋中于 4 月中旬萌发，5 月上中旬为雄花盛花期，5 月中旬为授粉期，属雄先型。9 月中旬坚果成熟，10 月下旬落叶。

该品种抗寒、抗旱、抗病力强。晋中以南海拔在 1000 米以下地区不受霜冻危害。该品种适宜华北、西北丘陵山区栽培。

3. 晋薄 1 号

晋薄 1 号是由山西省林业科学研究所（现山西省林业科学研究院）选自山西省孝义市晚实实生核桃园，1991 年被定为优系。

该品种树冠高大，树势强，树姿开张，分枝力较强，树冠呈半圆形。每雌花序着生 2 朵雌花，双果较多。坚果呈长圆形，单果重 10.0~12.0克。壳面光滑，色浅，缝合线窄而平，结合紧密。壳厚 0.7~0.9 毫米。内褶壁退化，横隔膜膜质，种仁饱满，可取整仁，出仁率为 62%~66%。

该品种在晋中地区于 4 月中旬萌发，5 月上旬为盛花期。9 月上旬坚果成熟，10 月下旬落叶。

该品种抗性强，较丰产，坚果品质优良，适宜在华北、西北丘陵区发展。

4. 晋薄 4 号

晋薄 4 号是由山西省林业科学研究所（现山西省林业科学研究院）选自山西省孝义市晚实实生核桃园，1991 年被定为优系。

该品种树势强，树姿开张，分枝力较强，树冠较大，呈圆头形。坐果率较高，双果较多。坚果呈圆形，较小，单果重 9.0~10.5 克。壳面较光滑，缝合线结合较紧密，壳厚 0.76~0.95 毫米，种仁饱满，可取整仁，出仁率为 64%~66%。

该品种在晋中地区于 4 月中旬萌发，5 月上旬为盛花期。9 月上旬坚果成熟，10 月下旬落叶。

该品种抗寒性、抗病性强，耐旱，丰产，坚果品质优良，适宜在华北、西北丘陵区发展。

5. 西洛 1 号（彩图 32）

西洛 1 号是由西北林学院（现西北农林科技大学）和洛南县核桃研究所协作，从陕西商洛晚实核桃实生群体中选育而成的品种，1997 年经省级鉴定，2000 年通过陕西省林木品种审定委员会审定。

该品种树势中庸，树冠呈圆头形，主枝开张。侧芽结果率为 12%，果枝率为 35%，坐果率为 60%。坚果呈椭圆形，果基呈圆形，果顶稍平，平均单果重 13.0 克。壳面光滑，缝合线窄而平，结合紧密。壳厚 1.1 毫米，内褶壁不发达，横隔膜膜质，种仁充实饱满，易取整仁，出仁率为 50.87%。

该品种在陕西省洛阳地区于 4 月上旬萌发，4 月 7 日为雄花盛花期，4 月 25 日为雌花盛花期，属雄先型。9 月上旬坚果成熟，10 月下旬落叶。

该品种适应性较强，抗旱、抗病虫、抗晚霜，丰产稳产，品质优良，适于华北、西北黄土丘陵及秦巴山区稀植栽培，也可以进行林粮间作栽培。

6. 西洛 2 号（彩图 33）

西洛 2 号是由西北林学院（现西北农林科技大学）和洛南县核桃研究所协作，从陕西商洛晚实核桃实生群体中选育而成的品种，1997 年经省级鉴定，2000 年通过陕西省林木品种审定委员会审定。

该品种树势中庸，树姿早期较直立，结果后多开张，树冠呈圆头形。坐果率为 65%。坚果呈长圆形，果基呈圆形，果顶微尖，平均单果重 13.1 克。壳面较光滑，有稀疏小麻点，缝合线低平，结合紧密。壳厚 1.3 毫米，内褶壁不发达，横隔膜膜质，种仁饱满，可取整仁或半仁，出仁率为 54%。

该品种在陕西省关中地区于 4 月上旬发芽，4 月中旬为雄花盛花期，4 月下旬为雌花盛花期，属雄先型。9 月上旬坚果成熟，11 月上旬落叶。

该品种适应性较强，抗旱、抗病、耐瘠薄土壤，丰产稳产，适于华北、西北黄土丘陵及秦巴山区稀植栽培。

7. 西洛 3 号（彩图 34）

西洛 3 号是由西北林学院（现西北农林科技大学）和洛南县核桃研究所协作，从陕西商洛晚实核桃实生群体中选育而成的品种，1997 年经省级鉴定，2000 年通过陕西省林木品种审定委员会审定。

该品种树势旺，树冠呈圆头形。坐果率为 66%。坚果呈椭圆形，平均单果重 14.0 克。壳面光滑，缝合线低平，结合紧密。壳厚 1.2 毫米，内褶壁不发达，横隔膜膜质，种仁充实饱满，易取整仁，出仁率为 56.64%。

该品种在陕西省洛南地区于 4 月中旬发芽，4 月下旬为雄花盛花期，5 月上旬为雌花盛花期，属雄先型。9 月上旬坚果成熟，10 月下旬落叶。

该品种适应性较强，抗旱、抗病虫、避晚霜，丰产稳产优质，适于华北、西北黄土丘陵及秦巴山区稀植栽培，也可进行"四旁"和林粮间作栽培。

8. 礼品 1 号（彩图 35）

礼品 1 号于 1989 年由辽宁省经济林研究所从新疆晚实核桃 A2 号实生后代中选育而成，1995 年通过省级鉴定。

该品种树势中庸，树姿开张，分枝力中等，树冠呈半圆形，以中长枝结果为主。坐果率为 50%。坚果呈长圆形，果基呈圆形，果顶圆并微尖，平均单果重 9.7 克。果壳表面刻沟少而浅，光滑美观，缝合线窄而平，结合紧密。壳厚 0.6 毫米，指捏即开，内褶壁退化，极易取整仁，出仁率在70% 左右。

该品种在辽宁省大连地区于 4 月中旬萌发，5 月上旬雄花散粉，5 月中旬为雌花盛花期，属雄先型。9 月中旬坚果成熟，11 月上旬落叶。

该品种适宜在我国北方核桃产区栽培。目前，北京、河南、山西、陕西、山东、河北、辽宁等地栽培较多。

9. 礼品 2 号（彩图 36）

礼品 2 号于 1989 年由辽宁省经济林研究所从新疆晚实核桃 A2 号实生后代中选育而成，1995 年通过省级鉴定。

该品种树势中庸，树姿开张，分枝力较强，以长枝结果为主。坐果率为 70%，多双果。坚果呈长圆形，果基呈圆形，果顶圆且微尖，平均单果重 13.5 克。壳面光滑，缝合线窄而平，结合紧密。壳厚 0.7 毫米，内褶壁退化，易取整仁，出仁率在 67.4% 左右。

该品种在辽宁省大连地区于 4 月中旬萌发，5 月上旬为雌花盛花期，5 月中旬雄花散粉，属雌先型。9 月中旬坚果成熟，11 月上旬落叶。

该品种抗病、丰产，适宜在我国北方核桃产区栽培。目前，北京、河北、山西、河南、辽宁等地有栽培。

10. 北京 746

北京 746 由北京市林果研究所从门头沟区沿河乡东岭村晚实核桃实生

园中选育而成，1986年定名。

该品种树势较强，树姿较开张，分枝力中等，以中短果枝结果为主，坐果率在60%左右，多双果。坚果呈圆形，果基呈圆形，果顶微尖。壳面较光滑，缝合线窄而平，结合紧密。壳厚1.2毫米，内褶壁退化，横隔膜膜质，出仁率在54.7%左右。

该品种在北京地区于4月上旬萌发，4月中旬为雄花期，4月下旬~5月初为雌花期，属雄先型。9月上旬坚果成熟，11月上旬落叶。

该品种适应性强，较耐瘠薄，抗病，丰产性强，适于北方核桃产区稀植大冠栽培。

11. 京香2号

京香2号由北京市林果研究所从密云县实生核桃园中选出，1990年定名，2009年通过北京市林木品种审定委员会审定。

该品种树势中庸，树姿较开张，分枝力中等，以中短果枝结果为主，坐果率在65%左右，多双果。坚果呈圆形，果基、果顶均呈圆形。壳面较光滑，缝合线宽而低，结合紧密。壳厚1.2毫米，内褶壁退化，横隔膜膜质，种仁充实饱满，出仁率在57%左右。

该品种在北京地区于4月上旬萌发，4月中旬为雄花期，4月下旬为雌花期，属雄先型。9月上旬坚果成熟，10月底落叶。

该品种适应性强，较耐瘠薄，抗病，丰产性强，适于北方核桃产区栽培。

12. 京香3号

京香3号由北京市林果研究所从房山区佛子庄乡中英水村实生核桃园中选出，1990年定名，2009年通过北京品种委员会审定。

该品种树势较强，树姿较开张，分枝力中等，以中果枝结果为主，坐果率在60%左右，多双果。坚果呈扁圆形，果基呈圆形，果顶微尖。壳面较光滑，缝合线微隆起，结合紧密。壳厚1.2毫米，内褶壁退化，横隔膜膜质，种仁较充实饱满，出仁率为61.5%。

该品种在北京地区于4月上旬萌发，4月中旬为雌花期，4月下旬为雄花期，属雌先型。9月上旬坚果成熟，11月上旬落叶。

该品种适应性强，较耐瘠薄，抗病，丰产性强，适于北方核桃产区稀植大冠栽培。

13. 清香（彩图 37）

清香是河北农业大学于 20 世纪 80 年代初从日本引进的核桃品种。2002 年通过专家鉴定，2003 年通过河北省林木品种审定委员会审定。

该品种幼树时生长旺盛，结果后树势稳定，树姿半开张，分枝力较强，树冠呈圆头形。嫁接苗第四年开始见花结果，高接树第三年开始结果，连续结果能力强，坐果率在 85% 以上，双果率在 80% 以上。坚果近锥形，果基呈圆形，果顶尖，平均单果重 16.9 克。壳面光滑，浅褐色，缝合线结合紧密，外形美观。壳厚 1.2 毫米，内褶壁退化，种仁充实饱满，浅黄色，风味极佳，可取整仁，出仁率为 52%~53%。

该品种在河北保定地区于 4 月上旬萌发展叶，4 月中旬雄花盛开并散粉，4 月中下旬为雌花盛花期，属雄先型。9 月中旬坚果成熟，11 月初开始落叶。

第三章 核桃苗木繁育

⏰ 关键知识点：

　　壮苗是核桃生产的基础，也是制约我国核桃发展的根本问题。目前，在我国核桃生产中，除新发展的部分核桃园为嫁接繁殖外，其他的均为实生核桃树。实生树长势参差不齐；结果期早晚差异大；产量相差几倍甚至几十倍；坚果大小不一，品质优劣混杂，影响销售。因此，核桃生产栽培必须采用嫁接繁殖，才能维持核桃生产的可持续发展。

一　育苗地的选择与准备

　　选择地势平坦，背风向阳，土壤肥沃，土层厚度在1米以上，地下水位在地表1米以下，pH为6.8～7.5，非重茬的地为苗圃地。每亩（1亩≈667米^2）施入腐熟有机肥5000～8000千克和过磷酸钙50千克，深翻土壤，深度为35～40厘米，按作业方式做畦起垄，用塑料薄膜覆盖20天左右，进行高温土壤消毒，做好播种前准备。

二　砧木的培育

　　核桃在我国分布广泛，各地使用的砧木也各不相同。可以根据本地的实际情况，选择适应性强、亲和力好、嫁接成活率高的核桃为砧木。

1. 砧木的选择

　　砧木应具有强壮的根系，以供给树体充足的水分和养分，并具有对土壤干旱、病虫害的抗性，达到增强树势，促进树体快速生长的目的。砧木的种类、质量和抗性直接影响嫁接成活率及建园后的经济效益。选择适合当地条件的砧木是保证丰产的先决条件。因此，砧木的选择是很重要的。

适合做北方早实核桃品种砧木的有华北晚实核桃、河北麻核桃和奇异核桃。而新疆早实核桃类群常常表现生长势弱、抗病虫性差等，不适宜做北方早实核桃品种的砧木。

目前，我国核桃砧木主要有 6 种，即核桃、泡核桃、核桃楸、野核桃、麻核桃和黑核桃。

（1）核桃 核桃是目前河北、河南、山西、山东、北京等地核桃嫁接的主要本砧。核桃做本砧嫁接亲和力强，接口愈合牢固，在我国北方普遍使用。其成活率高，生长结果正常。但是，由于长期采用商品种子播种育苗，实生后代分离严重，类型复杂，在出苗期、生长势、抗性及与接穗的亲和力等方面都有所差异。因此，培育出的嫁接苗也多不一致。

（2）泡核桃 泡核桃主要分布于我国西南地区，坚果壳厚而硬，果型较小，难取仁，出仁率低，壳面刻沟深而密，商品价值低。泡核桃是娘青核桃、三台核桃、大白壳核桃、细香核桃等品种的良好砧木，亲和力强，嫁接成活率高，愈合良好，无大、小脚现象。用泡核桃嫁接泡核桃的方法在我国云南、贵州等地已有 200 多年的历史。

（3）核桃楸 核桃楸主要分布在我国东北和华北地区，垂直分布海拔在 2000 米以上。其根系发达，适应性强，十分耐寒，是胡桃属中最耐寒的一个种，也十分耐旱和瘠薄。坚果壳厚而硬，难取仁，壳面刻沟密而深，商品价值低。核桃楸野生于山林当中，种子来源广泛，育苗成本低，能增加品种的抗性，扩大核桃的分布区域。但是，核桃楸嫁接品种后期容易出现小脚现象，而且其嫁接成活率和成活后的保存率都不如核桃砧木。

（4）野核桃 野核桃主要分布于江苏、江西、浙江、湖北、四川、贵州、云南、甘肃、陕西等地，常见于湿润的杂林中，垂直分布海拔为 800～2000 米。坚果个小，壳硬，出仁率低，多用作核桃砧木。但是，嫁接容易出现小脚现象，而且其嫁接成活率不如核桃砧木。

2. 种子的选择、采集和贮藏

目前，核桃砧木苗是用种子繁育而成的实生苗。种子的质量关系到实生苗的长势，是培养优良砧木苗的重要环节。繁育砧木苗应选择生长健壮、无病虫害、种仁饱满、盛果期的树作为采种母树。以多数青果皮开裂，坚果完全成熟时为采种最佳时间，此时采收的种子，种仁饱满，易贮藏，出苗率高，生长快而健壮。用作砧木的核桃种子要粒大饱满，规格在

120 粒／千克以下，不进行漂白处理，经自然晾晒干。

3. 种子的催芽

采用冬季室外沟藏催芽。用水浸泡种子 10 天左右，前 3 天每天换清水 1～2 次，等种仁吸水膨胀后，将种子捞出，再用 300 毫克／升的赤霉素浸泡 10 小时，混以湿沙。在室外沟藏，沟深 60 厘米，先在沟底铺 10 厘米厚的湿沙，再依次一层种子铺一层湿沙，到离地面 10 厘米时，用湿沙填平，上面再覆 30～40 厘米厚的土，呈脊背形，中间竖草把以便通气。春天定时检查发芽情况，发芽后即可播种。

4. 播种

（1）播种时期 核桃播种可分为秋播和春播。播种期的选择主要根据当地的气候条件。如果当地春季风沙大，而秋季墒情又好，则以秋播为好。而且，秋播的种子可不必处理。所以，北方地区应以秋播为主。秋播可延长到浇封冻水之前进行。但缺点是：若秋播过早，则气温较高，种子容易霉烂；若秋播过晚，则土壤已冻结。由于有些地方秋播种子易遭受鼠害、兔害，所以，常在春季播种育苗，于土壤解冻之后的 3 月下旬或 4 月初进行。

（2）播种方法 畦床播种，畦面的宽度为 1 米，每个畦面点播 2 行，多个畦面内行距为 60 厘米，距畦垄 20 厘米；整个苗圃地出现宽窄行，宽行行距为 60 厘米，窄行行距为 40 厘米（图 3-1），株距为 20 厘米。一般均用点播法播种。播种时，可将胚根根尖掐去 1 毫米，促使侧根发育，根

图 3-1 播种示意图（单位：厘米）

尖向下入土，缝合线与地面垂直。播种深度一般以 6 ~ 8 厘米为宜，可挖浅沟灌水后再播种，然后覆土。

5. 砧木苗管理

为了促进苗木生长，要加强肥水管理。5 ~ 6 月是苗木生长的关键时期，追肥以氮肥为主，如尿素，每亩沟施 10 ~ 15 千克。追肥后灌水，灌水量以浇透为标准。要及时清除杂草，防止杂草与小苗争夺营养。同时疏松土壤，更利于小苗生长。

7 ~ 8 月是苗木生长的旺盛期，此时雨量较多，灌水应根据情况灵活掌握。在雨水多的地区或季节应注意排水，防止苗木遭受涝害。施肥应以磷钾肥为主。砧木长到 30 厘米高时可通过摘心促进基部增粗。

9 ~ 11 月一般灌水 2 ~ 3 次，特别是最后一次封冻水应保证浇透。苗期应注意防治细菌性黑斑病、象鼻虫、金龟子、大青叶蝉等病虫害。

1 年生实生砧木苗在原苗圃地不动，3 月发芽前于地面平茬，促发新梢。平茬后注意及早抹除多余萌芽，保留一个旺盛生长的萌芽，每株促发 1 个新梢。平茬后每亩沟施尿素 20 千克，并及时浇水、除草、松土。芽接前若遇土壤干旱，提前 5 天灌水。

三　嫁接

我国是核桃资源大国，优良品种很多，如香玲、辽宁 1 号和秋香等。但由于嫁接技术不过关，成活率低，限制了良种核桃在生产中的推广应用，核桃良种的生产潜能没有充分发挥。近几年，由于嫁接技术的不断突破，使优良核桃品种能在生产中大面积推广，从而加速了我国核桃的良种化进程。

1. 接穗培育与采集

1 年生品种芽接苗在原苗圃地不动，3 月发芽前于芽接部位以上 5 厘米处重短截，促发新梢。短截后注意及早抹除砧木萌芽，萌芽抽枝后，可再短截 1 次，以剪除抽生的果枝，促使隐芽萌发。保留 2 ~ 3 个旺盛生长的发育枝，每株促发 2 ~ 3 个新梢为接穗。短截后每亩沟施尿素 20 千克，并及时浇水、除草、松土。芽接前若遇土壤干旱，提前 3 天灌水。

3 ~ 5 年生品种幼树也可作为芽接采穗树，3 月发芽前于 2 ~ 3 年生枝光滑部位重短截，截留长度为 20 厘米左右，依原树形进行重短截（中更新），剪除所有的1年生枝，促发新梢。短截后注意及早抹除全树萌芽，以促发隐芽第二次萌发。第二次萌发后及时剪除结果枝和过密的生长枝，保留的接穗枝条要分布均匀合理。短截后每株沟施尿素0.8千克，并及时浇水、除草、松土，叶面施肥2～3次。芽接前若遇土壤干旱，提前3天灌水。

采穗最好选在无风的阴天或晴天的傍晚进行。选择当年生的优质春梢，剪下，将叶片去掉，只保留叶柄1.5～2.0厘米，放在事先准备好的湿布、湿麻袋或湿报纸上，小心包好，防止接穗失水。接穗最好随采随用。不能及时嫁接的接穗，可以放到潮湿的地窖或冰箱内，温度应保持在14℃左右，空气相对湿度在80%左右。这样的环境下，接穗可以存放3天左右。

2. 嫁接方法

采用夏季方块芽接方法（图3-2），此方法操作简便，成活率高，需要砧木为当年生新梢。先在砧木上切1个长3～4厘米、宽2～3厘米的方块，将树皮挑起，并在切口左下角或右下角切除2毫米的树皮，作为导流口，再在接穗上取下远小于砧木切口的方块形芽片（芽内维管束要保持完好），然后迅速镶入砧木切口，留下导流口，用塑料薄膜绑紧接口即可。

削接芽　　接芽　　切接口并将接芽放置于接口　　绑缚

图3-2　核桃方块芽接示意图

四 芽接苗管理

1. 剪砧

嫁接完成之后，在接芽上方保留1～2片复叶，以上的部分剪掉，这称为一次剪砧。剪砧可以减轻上面枝叶与接芽争夺营养，留下的几片叶用来为接芽遮光并进行光合作用提供营养。

接芽完全愈合并萌发抽生5～10厘米长的新梢时，剪除接芽以上的2

片复叶，但不能回剪到接芽处，接芽以上保留 1～2 厘米。接芽新梢长 15～20 厘米时，可除去塑料绑条，并回剪到接芽处，以利于嫁接部位的完全愈合及新梢的直立生长。

2. 除萌蘖

嫁接后的砧木上容易萌发大量萌蘖，应及时抹除接芽之外的其他萌芽，以免与接穗和接芽争夺养分，影响接穗和接芽生长。核桃枝接一般需要除萌蘖 2～3 次，芽接一般需要除萌蘖 1～2 次。嫁接未成活的植株，可选留一条生长健壮的萌蘖，为下次嫁接做准备。

3. 肥水管理

在没解除塑料绑条之前，新梢长度小于 20 厘米时，不能浇水，否则会降低嫁接成活率。新梢长度在 20 厘米以上时，再进行浇水和施肥，前期施氮肥，每亩施尿素 20 千克，后期施用氮、磷、钾复合肥，8 月每亩施复合肥 50 千克。9 月以后要控肥控水，抑制新梢生长，提高苗木的成熟度。

苗圃地锄草要锄早、锄小、锄了，保持苗圃地无杂草丛生，减少病虫害的发生。

4. 病虫害防治

核桃嫁接期间的虫害主要有黄刺蛾和棉铃虫，以高效氯氰菊酯等杀虫剂为主进行防治。后期容易感染细菌性黑斑病，要在 7 月下旬每隔 15 天喷 1 次农用链霉素或防治其他细菌性病害的杀菌剂，共喷 3～4 次。9 月下旬～10 月上旬，要及时防止大青叶蝉在枝条上产卵。

五　苗木出圃

1. 起苗

(1) 起苗前的准备　起苗前，必须对所培育嫁接苗的数量和质量进行抽样调查，根据调查结果制订起苗计划。核桃属于深根性植物，主根发达，起苗时根系容易受损，并且受伤后愈合能力差。因此，保护好核桃苗根系会提升移栽成活率。为减轻根系损伤并使起苗容易，应在起苗前一周灌 1 次透水，使苗木吸足水分。

(2) 起苗方法　由于我国北方核桃幼苗在苗圃内具有严重的越冬抽条现象，所以起苗多在秋季落叶后到土壤封冻前进行。对于较大的苗木或抽条较轻的地区，也可在春季土壤解冻后至萌芽前起苗。核桃起苗方法有人工起苗和机械起苗两种。机械起苗用拖拉机牵引起苗犁进行。人工起苗要从苗旁开沟、深挖，需防止断根较多。

> **提示** 挖出的苗木不能及时运走或栽植时必须临时假植。对少量的苗木也可带土起苗，并包扎好。要避免在大风或下雨天起苗。

2. 苗木分级与假植

(1) 苗木分级 苗木分级是保证出圃苗木质量，提高建园栽植成活率和整齐度的重要工作。核桃苗木分级应根据类型而定。对于嫁接苗，要求品种纯正，砧木正确；地上部枝条健壮、充实，具有一定的高度和粗度，芽体饱满，根系发达，须根多，断根少；无检疫对象，无严重的病虫害和机械损伤；嫁接部位愈合良好。在此基础上，根据嫁接口以上的高度和嫁接口以上 5 厘米处的直径将核桃嫁接苗分为 6 级（表 3-1）。

表 3-1 核桃嫁接苗的分级标准

苗木等级	苗高/米	直径/厘米
特级苗	>1.2	≥1.2
一级苗	0.81～1.2	≥1.0
二级苗	0.61～0.80	≥1.0
三级苗	0.41～0.60	≥0.8
四级苗	0.21～0.40	≥0.8
五级苗	<0.21	≥0.7
等外苗	其他为等外苗	

(2) 苗木假植 起苗后不能及时外运或栽植的苗木必须进行假植。假植分为短期假植和长期假植（越冬假植）。假植地点应选择地势较高、排水好、较干燥的砂壤土地块。短期假植一般不超过 10 天，可开浅沟，用湿土将根系埋严即可，干燥时及时洒水。长期假植时，应选择地势平坦、避风、排水良好、交通方便的地块挖假植沟。沟深 1 米、宽 2 米，长度依苗木数量而定。沟的方向应与主风向垂直，沟底要铲平。在沟的一端堆起 30°左右的土坡，在坡底挖出宽 20～30 厘米、深 15 厘米的凹沟。将树苗的根部放在凹沟内，平放一层，互不叠压，在根部均匀撒土盖严，埋根露梢。再向后退 50 厘米挖同样的凹沟，同样放好树苗，依次类推，排

放埋土。最后给整个假植沟盖土，土层厚 20 厘米左右。为了预防苗木受冻，冬季寒冷时，可以将土层加厚。这样，苗木就可以安全过冬了。

3. 苗木检疫

为确保核桃苗木的质量，保证核桃生产可持续发展，核桃苗木检疫工作是一项重点工作。根据中华人民共和国农业部（现为中华人民共和国农业农村部）2006 年 3 月公布的《全国农业植物检疫性有害性生物名单》，其中与果树有关的昆虫 10 种、线虫 1 种、真菌 2 种、细菌 2 种、病毒 1 种。目前，因直接危害核桃而被专门列为检疫对象的病虫害还没有。

4. 苗木包装与运输

核桃苗木要分品种和等级进行包装。包装前应将过长的根系和枝条进行适当修剪。一般将 20～50 株捆成一捆，挂好标签，将根系蘸泥浆保湿，然后用塑料薄膜等包好，将吸饱水分的卫生纸团、锯末等塞于苗木根部缝隙间，排出空气，扎塑料袋口及编织袋口，包装外再贴标签，标明品种、等级、苗龄、数量和起苗日期等。

苗木外运最好在晚秋或早春气温较低时进行。长途运输时要加盖苫布，并及时喷水，防止苗木干燥、发热和发霉，冬季运输应注意防冻，到达目的地后立即进行假植。

第四章 核桃园建园

第一节 园地的选择标准

关键知识点：

1）适宜的温度：年平均气温为 8～15℃，极端最低温度不低于 -30℃，极端最高温度在 38℃ 以下，无霜期在 150 天以上。

2）适宜的光照：全年日照量大于 2000 小时。

3）适宜的土壤：土层厚度在 1 米以上，pH 为 6.2～8.2，含盐量宜在 0.25% 以下。

4）适宜水分：地下水位应在地表下 2 米以下。

核桃园建设是核桃生产中的一项基础工作，因此必须全面规划、合理安排。虽然胡桃属植物对自然条件的适应能力很强，但是也要做到适地适树、科学栽培，这样才能使核桃树生长健壮、丰产稳产、坚果品质好。

核桃树具有生长周期长，喜光、喜温等特性。建园时，应以适地适树和品种区域化为原则，从园址的选择、规划设计、品种选择到苗木定植，都要严格谨慎。建园前应对当地气候、土壤、降雨量、自然灾害和附近核桃树的生长发育状况及以往出现过的问题等进行全面的调查研究。在确定建园地点上，应重点考虑以下几个方面：

 一 核桃适宜生长和结果的温度

核桃属于喜温树种。通常核桃苗木或成年树适宜生长在年平均气温为 8～15℃，极端最低温度不低于 -30℃，极端最高温度在 38℃ 以下，无霜期在 150 天以上的地区。幼龄树在 -20℃ 条件下出现冻害；成年树虽能耐 -30℃ 的低温，但在低于 -26℃ 的地区，枝条、雄花芽及叶芽易受冻害。

核桃和泡核桃最易受晚霜危害，从展叶到开花期间的温度低于 -2℃，持续时间在 12 小时以上，会造成当年坚果绝收；核桃展叶后，如遇 -2 ~ 4℃ 的低温，新梢会受到冻害；花期和幼果期气温降到 -1 ~ 2℃ 时则受冻减产。但生长温度超过 38℃ 时，果实易被灼伤，种仁发育不良，形成空苞。

二　核桃适宜的光照

核桃是喜光树种，适于山地的阳坡或平地栽培，进入结果期后更需要充足的光照。光照对核桃生长发育、花芽分化及开花结果均具有重要的影响。全年日照量最好大于 2000 小时，如果少于 1000 小时，则结果不良，影响核壳、种仁发育，坚果品质下降。特别是在雌花开花期，如果遇阴雨低温天气，极易造成大量落花落果。果园郁闭会造成坚果产量下降。

三　核桃适宜的水分

我国一般年降水量在 600 ~ 800 毫米且分布均匀的地区基本能满足核桃生长发育的需求。对于降水量较低的地区，如果适时适量灌溉，也能保证核桃的正常生长和产量。泡核桃适宜在年降水量为 800 ~ 1200 毫米的地区生长。

核桃能耐较干燥的空气，而对土壤水分状况却较敏感，土壤过干或过湿都不利于核桃生长发育。一般土壤含水量为田间最大持水量的 60% ~ 80% 时比较适合核桃的生长发育。长期晴朗而干燥的气候，充足的日照和较大的昼夜温差，有利于促进开花结果。新疆早实核桃的一些优良性状，正是在这样的条件下历经长期系统发育而形成的。土壤太过干旱有碍根系吸收水分和地上部枝叶的水分蒸腾作用，影响生理代谢过程，甚至提早落叶。当土壤含水量低于绝对含水量的 8% ~ 12%（田间最大持水量的 60%）时，核桃的生长发育会受到影响，造成落花落果，叶片枯萎。幼壮树遇前期干旱和后期多雨的气候时易引起后期徒长，导致越冬后抽条干梢。土壤水分过多，通气不良，会使根系生理机能减弱而生长不良，核桃园的地下水位应在地表下 2 米以下。在坡地上栽植核桃时必须修筑梯田撩壕等，搞好水土保持工程，在易积水的地方需解决排水问题。

四 核桃对地形及土壤的要求

海拔对核桃的生长和产量也有一定影响。在我国北方，核桃多分布在海拔 1000 米以下的地区，秦岭以南多生长在海拔 500～2500 米的地区，分布最高的地区是西藏拉孜县徒庆林寺，其海拔为 4200 米。云贵高原多生长在海拔 1500～2500 米的地区，其中云南漾濞海拔 1800～2000 米，为泡核桃分布区，在该地海拔低于 1400 米则生长不正常，病虫害严重。在辽宁西南部，核桃适宜生长在海拔 500 米以下的地区，高于 500 米气候寒冷，生长期短，核桃不能正常生长和结果。

核桃适宜种于坡度平缓、背风向阳、土层深厚、水分状况良好的地块。有试验表明，同龄植株立地条件一致而栽植坡向不同，核桃的生长状况有明显差异，种植在阴坡，尤其坡度过大和迎风坡上，往往生长不良，产量很低，甚至成为"小老树"。坡位以中下部为宜。

核桃为深根性树种，对土壤的适应性较强，无论在丘陵、山地还是平原都能生长。土层厚度在 1 米以上时生长良好，土层过薄影响树体发育，容易"焦梢"，并且不能正常结果。核桃在含钙的微碱性土壤中生长良好，土壤 pH 适应范围为 6.2～8.2，最适宜范围为 6.5～7.5。土壤含盐量宜在 0.25% 以下，超过 0.25% 即影响生长和产量，含盐量过高会导致植株死亡，氯酸盐比硫酸盐危害更大。

五 风力对核桃生长与结果的影响

核桃系风媒花。花粉传播的距离与风速、地势有关。据报道，最佳授粉距离在 100 米以内；超过 300 米，几乎不能授粉，需要进行人工授粉。在一定范围内，花粉的散布量随风速增加而加大，但随距离的增加而减少。但是在核桃授粉期间经常有大风的地区应该进行人工授粉或选择单性结果率高的品种。在冬季、春季多风地区，迎风的核桃树易抽条、干梢等，影响其发育和开花结果。

第二节 核桃园的规划设计

关键知识点：

1）因地制宜，统一规划。依据自然条件、物质条件、技术条件等因素，进行整体规划。

2）合理布局，有利于机械化管理和操作。

3）设计好排灌系统，达到旱能灌、涝能排。

一 规划设计的原则和步骤

我国的核桃多在山地栽植，山地具有空气流通、日照充足、排水良好等特点，但是山地地形多变、土壤贫瘠、交通和灌溉不方便。以前，核桃都是零星栽植，近年来，随着机械化程度的提高，成片栽培逐渐增加。核桃园的选择和规划成为一项十分重要的工作。因此，在建园时应该提前进行规划设计。

1. 规划设计的原则

（1）因地制宜，统一规划 核桃园的规划设计应根据建园方针、经营方向和要求，充分考虑当地自然条件、物质条件、技术条件等因素，进行整体规划。要因地制宜选择良种，依品种特性确定品种配置及栽植方式。优良品种应具有丰产、优质和抗性强的特点。

（2）有利于机械化的管理和操作 核桃栽培过程中有关交通运输、排灌、栽植、施肥等，必须有利于实行机械化管理。平原地可以采取宽行密植的栽培方式，这样有利于机械化操作。

（3）合理布局，便于管理 规划设计中应把作业区、路、林、排、灌等协调起来，节约用地，使核桃树的占地面积不少于85%。为便于管理，平原核桃园应将园地划分为若干个作业区；山地核桃园则以自然沟、渠或道路划分。为了获得较好的光照，作业区最好南北走向。核桃园道路系统的配置，应以便于机械化操作和田间管理为原则。全园各个作业区都要用道路相互连接。道路宽度以能通过汽车或小型拖拉机为准。主防护林要与有害风向垂直，栽3～7行乔木。林带距核桃树要有间隔，一般不少于 15 米。

(4) 设计好排灌系统，达到旱能灌、涝能排 在山坡、丘陵地建园，要多利用水库、池塘、水窖和水坝来拦截地面径流储蓄水源，还可以利用地下水或河流的水进行灌溉。为节约水资源，生产上应大力推广滴灌、喷灌等节水设施，这样还可以节约劳动力。核桃树不耐涝，在平原建园时，要建好排水系统。

2. 规划设计的步骤

(1) 深入调查研究 为了解建园地的概况，规划前必须对建园地点的基本情况进行详细调查，为园地的规划设计提供依据，以防止因规划设计不合理给生产造成损失。参加调查的人员应有从事果树栽培、植物保护、气象、土壤、水利、测绘等方面的技术人员，以及农业经济管理人员。调查内容包括以下几个方面：

1) 社会情况：包括建园地区的人口、土地资源、经济状况、劳动力情况、技术力量、机械化程度、交通能源、管理体制、市场销售情况、干鲜果价格、农业区划情况，以及有无污染源等。

2) 果树生产情况：包括当地果树及核桃的栽培历史，主要树种、品种，核桃园总面积、总产量；历史上果树的兴衰及原因；各种核桃的单位面积产量；经营管理水平及存在的主要病虫害等。

3) 气候条件：包括年平均温度、极端最高和最低温度、生长期积温、无霜期、年降水量等。对于常年气候的变化情况，应特别注意对核桃危害较严重的灾害性天气，如冻害、晚霜、雹灾、涝害等。

4) 土壤调查：应包括土层厚度，土壤质地，酸碱度，有机质含量，氮、磷、钾及微量元素的含量，以及园地的前茬树种或作物。

5) 水利条件：包括水源情况、水利设施等。

(2) 现场测量制图 当建园面积较大或在山地建园时，需要进行面积、地形、水土保持工程的测量工作。平地测量较简单，常用罗盘仪、小平板仪或经纬仪，以导线法或放射线法将平面图绘出，标明突出的地形变化和地物。山地建园时需要进行等高测量，以便修筑梯田、撩壕、鱼鳞坑等水土保持工程。

规划设计和园地测绘完成后，按核桃园规划的要求，根据园地的实际情况，对作业区、防护林、道路、排灌系统、建筑用地、核桃品种的选择和配置等进行规划，并按比例绘制核桃园平面规划设计图。

二　不同栽培方式建园的设计

传统核桃栽培方式主要有 3 种。第一种是集约化园片式栽培，无论幼树期是否间作，到成龄树时均成为纯核桃园。第二种是间作式栽培，即核桃与农作物或其他果树、药用植物等长期间作，此种栽培方式能充分利用空间和光能，并且有利于核桃的生长和结果，使经济效益获得快而高。第三种栽培方式是利用沟边、路旁或庭院等闲散土地的零星栽植，这也是我国发展核桃生产不可忽视的重要方面。

采取零星栽培方式，只要园地符合要求，并进行适当的品种配置即可。而其他两种栽培方式，在定植前，均要根据具体情况进行详细的调查和规划设计。主要内容包括：作业区划分及道路系统规划，核桃品种的选择及配置，以及防护林、水利设施和水土保持工程的规划设计等。

1. 作业区的划分

作业区是核桃园的基本生产单位。其形状、大小、方向都应与当地的地形、土壤条件及气候特点相适应，要与园内道路系统、排灌系统及水土保持工程的规划设计相互配合协调。为保证作业区内技术的一致性，区内的土壤及气候条件应基本一致，地形变化不大，耕作比较方便，面积可定为 $30000 \sim 70000$ 米^2。地形复杂的山地核桃园，为防止水土流失，应依自然地形划定作业区。作业区的形状多设计为长方形，方向最好为南北向。平地核桃园作业区的长边应与当地有害风向垂直，以减轻风害。山地建园时，作业区可采用带状长方形，同时，要保持作业区内的土壤、光照、气候条件相对一致，以利于水土保持工程的施工及排灌系统的规划。

2. 防护林的设置

防护林的主要作用是降低风速，提高局部空气的温度，以及增加湿度等。防护林树种选择应尽量就地取材，选用风土适应性强、生长速度快、寿命长，与核桃无共同病虫害，并有一定经济价值的树种。核桃园常选用树冠上下均匀透风的疏透林带或上部不透风、下部透风的透风林带。为加强对主要有害风的防护，通常采用较宽的主林带，一般宽约 20 米。另外设 10 米宽的副林带，以防护其他方向的有害风。

防护林常由乔木、小乔木和灌木组成，行距为 $2.0 \sim 2.5$ 米，株距为

1.0~1.5米。为防止林带遮阴和树根伸入核桃园影响核桃树生长，一般要求南面林带距核桃树20~30米，北面林带距核桃树10~15米。

3. 道路系统的规划

为使核桃园生产管理高效方便，应根据需要设置宽度不同的道路。一般大中型核桃园由主路（或干路）、支路和作业道三级道路组成。主路贯穿全园，需要能通过汽车、大型拖拉机等，便于运输农资、果品等，宽度要求为6~8米。支路是连接干路通向作业区的道路，需要能通过小型拖拉机，以便于机械化作业，宽度要求达到4~6米。作业道是作业区内从事生产活动的要道，宽度要求达到2~3米。小型核桃园可不设主路和作业道，只设支路。山地核桃园的道路应根据地形修建，避免道路过多占用土地。

4. 排灌系统的设置

排灌系统是核桃园科学、高效、安全生产的重要组成部分。核桃多为山地、丘陵栽培，这些地区一般灌溉比较困难。因此，在山地、丘陵和干旱地区建核桃园时，可结合水土保持、修水库、开塘堰、挖涝池，尽量保蓄雨水，以满足核桃生长发育的需求。平地建核桃园时，除了打井修渠满足灌溉以外，对于易涝的低洼地带，要设置排水系统，起垄栽培也可以在一定程度上缓解涝害。

输水和配水系统包括干渠、支渠和园内灌水沟。干渠将水引至园中，纵贯全园。支渠将水从干渠引至作业区。灌水沟将支渠的水引至行间，直接灌溉树盘。干渠的位置要高一些，以利于扩大灌溉面积。山地核桃园的干渠应设在分水岭上或坡面上方，平地核桃园可设在主路一侧。干渠和支渠可采用地下管网。山地核桃园的灌水渠道应与等高线走向一致，配合水土保持工程，按一定的比降修成，可以排灌兼用。

核桃属于深根树种，忌水位过高，地下水位与地表间的距离小于2米时，核桃的生长发育即受抑制。因此，排水问题不可忽视，特别是起伏较大的山地核桃园和地下水位较高的下湿地，都应重视排水系统的设计。山地核桃园主要排除地表径流，多采用明沟法排水，排水系统由梯田内的等高集水沟和总排水沟组成。集水沟可修在梯田内沿，而总排水沟应设在集水线上。平地核桃园的排水系统是由作业区以内的集水沟和作业区边沿的支沟与干沟三部分组成，干沟的末端为出水口。集水沟的间距要根据平时地面积水情况而定，一般间隔2~4行挖1条。支沟和干沟通常都按排灌兼用的要求设计，如果地下水位过高，需要结合降低水位的要求加大深度。

5. 辅助设施

辅助设施主要包括管理用房、农用机械等仓库、配药池、有机肥堆放场等。管理用房、农用机械等仓库要靠近主路，交通方便。配药池、有机肥堆放场最好位于核桃园中心，便于运输。

 三 栽培品种的选择

栽培品种的选择参见第一章选择品种的标准。

第三节 栽植技术

 关键知识点：

1）土壤深翻改良，挖栽植沟，沟施优质农家肥。
2）配置授粉树，健壮优质大苗。
3）ABT生根粉溶液泡根系，浇足水，大土墩封好苗木根颈。

 一 园地平整、改良和挖穴

核桃属于深根性植物，因此，要求土层深厚，土壤较肥沃。不论山地或平地栽植，均应提前进行土壤熟化和增加肥力的准备工作。土壤准备主要包括平整土地、修筑梯田及水土保持工程的建设等。在此基础上还要进行深翻熟化、改良土壤、定点挖穴、增加有机质等各项工作（图4-1~图4-3）。

图4-1 挖沟回填

图 4-2　挖穴回填

图 4-3　修整梯田

1. 土壤深翻熟化和土壤改良

通过深翻可以使土壤熟化，同时改善表土层以下淋溶层、淀积层的土壤结构。核桃多栽培在山地、丘陵地区，少部分栽培在平原地区。对于活土层浅、理化性质差的土壤，深翻显得更为重要。深耕的深度为 80 ~ 100 厘米。深翻的同时可以进行土壤改良，包括增施有机肥、绿肥，使用土壤改良剂等。沙地栽植，应混合适量黏土或腐熟秸秆以改良土壤结构；在黏重土壤或下层为砾石的土壤上栽植，应扩大定植穴，并采用客土、掺沙、增施有机肥、填充草皮土或表面土的方法来改良土壤。

2. 定点挖穴

在完成以上工程的基础上，按预定的栽植设计，测量出核桃的栽植点，并按点挖定植穴。定植穴或定植沟，应于栽植前一年的秋季挖好，使心土有一定熟化的时间。定植穴的深度和直径均在 1 米以上。密植园可挖定植沟，沟深与沟宽均为 1 米。无论穴植或沟植，都应将表土与心土分开堆放。定植穴挖好后，将表土、有机肥和化肥混合后进行回填，每个定植穴施优质农家肥 30 ~ 50 千克、磷肥 3 ~ 5 千克，然后浇水压实。地下水位高或低湿地核桃园，应先降低水位，改善全园排水状况，再挖定植沟或定植穴。

3. 肥料贮备

肥料是使核桃生长发育良好的物质基础。特别是有机肥所含的营养比较全面，不仅含核桃生长所需的营养元素，而且含有激素、维生素、氨基酸、葡萄糖、酶等多种活性物质，可提高土壤腐殖质，增加土壤孔隙度，改善土壤结构，提高土壤的保水和保肥能力。在栽植核桃时，施入适量的有机底肥，能有效促进核桃的生长发育，提高树体的抗逆性和适应性。如果同时加入适量的磷肥和氮肥作为底肥，效果更显著。为此，在苗木定植前，应做好肥料的准备工作，可按每株20～30千克准备有机肥，按每株1～2千克准备磷肥。如果以秸秆为底肥，应施入适量的氮肥。

 二　栽植苗木

1. 苗木的准备

苗木的质量直接关系到建园的成败。苗木要求品种准确，主根及侧根完整，无病虫害。嫁接苗的质量等级见表4-1。对苗木进行长途运输时，应注意保湿及避免风吹、日晒、冻害及霉烂。

表4-1　嫁接苗的质量等级

项　　目	一级	二级
苗高/厘米	>60	30～60
基径/厘米	>1.2	1.0～1.2
主根长度/厘米	>20	15～20
侧根数/条	>15	>15

2. 栽植时间

核桃的栽植时间分为春季和秋季两种。北方核桃以春季栽植为宜，特别是芽接苗，一定要在春天定植，时间在土壤解冻至发芽前。北方春季干旱，应注意灌水和栽后管理。冬季寒冷多风，秋季栽植的幼树容易受冻害或抽条，因此，秋季栽植时应注意为幼树防寒。冬季较温暖、秋季栽植不易发生抽条的地区，落叶后秋季栽植或萌芽前春季栽植均可。

3. 授粉树的配置

选择栽植的授粉品种，应具有良好的商品性状和较强的适应能力。核桃具有雌雄异熟、风媒传粉、传粉距离短及坐果率差异较大等特性，为了提供良好的授粉条件，最好选用 2～3 个主栽品种，而且能互相授粉。专门配置授粉树时，可按每 4～5 行主栽品种配置 1 行授粉品种。山地梯田栽植时，可以根据梯田面的宽度，配置一定比例的授粉树（表 4-2），原则上主栽品种与授粉品种的比例以不低于 8：1 为宜。授粉品种也应具有较高的商品价值。

表 4-2　核桃授粉品种配置参考表

品种类群	雌雄异熟性	品　　种
早实核桃	雌先型	鲁丰、鲁果 3 号、鲁果 6 号、绿波、辽宁 5 号、辽宁 10 号、中林 1 号、中林 3 号、中林 5 号、陕核 1 号
	雄先型	香玲、岱丰、岱辉、岱香、鲁光、鲁果 1 号、鲁果 2 号、鲁果 4 号、鲁果 5 号、鲁果 7 号、鲁果 8 号、鲁核 1 号、薄丰、辽宁 1 号、辽宁 3 号、辽宁 7 号、寒丰、西扶 1 号
晚实核桃	雌先型	礼品 2 号、京香 3 号
	雄先型	晋龙 1 号、晋龙 2 号、礼品 1 号、西洛 2 号、西洛 3 号、北京 746、京香 2 号

4. 栽植密度

核桃树喜光，栽植密度过大时，核桃园郁闭，影响产量；密度过小时，土地利用率低。因此，核桃栽植密度应根据立地条件、栽培品种和管理水平不同而异，以单位面积能够获得高产、稳产、便于管理为原则。栽培在土层深厚、肥力较高的园区，树冠较大，株、行距也应大一些，晚实核桃可采用 6 米×8 米或 8 米×9 米，早实核桃可采用 4 米×（5～8）米，宽行密株模式。

栽植在耕地田埂、坝堰时，以种植作物为主，实行果粮间作的核桃园，间作密度不宜硬性规定，一般株行距为 6 米×12 米或 8 米×9 米。山地栽植以梯田宽度为准，一般一个台面 1 行，台面宽于 20 米的可栽植 2 行，台面宽度小于 8 米时，隔台 1 行，一般晚实核桃的株距为 5～8 米，早实核桃的株距为 4～6 米。

5. 定植

栽植时期分为春季和秋季两个时期。北方冬季气温低，以春栽为宜，春栽比秋栽成活率高，并且栽后无须防寒，春栽一般在土壤化冻后至发芽前进行。在干旱、冷凉地区，以秋栽为好。冬季寒冷多风，秋季栽植的幼树容易受冻害或抽条，应注意为幼树防寒，可栽后埋土防寒。秋栽树发芽早且生长旺盛。秋栽一般在落叶后至土壤封冻前进行（图4-4）。

图4-4 秋栽

栽植以前，剪除苗木的伤根、烂根，将根系放在500～1000毫克/升的ABT生根粉3号溶液中浸泡1小时以上，以利于苗木成活。挖长、宽、深均为40厘米的定植穴，将表土和土粪混合填入坑底，把树苗放入定植穴中央、扶正、舒展根系，分层填土踩实，培土到与地面相平，全面踩实后，修整树盘，及时浇水，并且第一遍水务必浇足。待水渗下后，用高40厘米以上的大土墩封好苗木颈部，以防苗木抽干，保持土壤湿度和温度。

> **提示** 提高成活率的措施：挖大穴，保证苗木根系舒展；在灌溉困难的地区，树盘用地膜覆盖，不仅可防旱保墒，还可以增加地温，促进根系再生恢复；防治病虫害，清除杂草。北方部分地区，可在越冬前2～3年的核桃枝条上涂抹聚乙烯醇胶，有一定的防寒作用。

第四节 栽植当年的核桃苗管理

 关键知识点：

1）地膜覆盖树盘，追施适量化肥，叶面喷肥。7月以前施氮肥，之后施磷、钾肥，适当控水。

2）及时补栽、除萌、定干。

3）灌一次冻水，树干涂刷聚乙烯醇胶液，根部培土防寒。

一 除草、施肥、灌水

为了促进幼树生长发育，应及时进行人工除草、施肥、灌水及加强土壤管理等。

栽植后应根据土壤的干湿状况及时浇水，以提高栽植成活率，促进幼树生长。栽植灌水后，也可用地膜覆盖树盘，以减少土壤中水分的蒸发。在生长季，结合灌水，可追施适量化肥，前期以氮肥为主，后期以磷、钾肥为主；也可进行叶面喷肥。结果前应以施氮肥为主，以促进树冠形成，提早结果。

二 补栽及除萌

春季萌芽展叶后，应及时检查苗木的成活情况，发现未成活的植株，应及时补植同一品种的苗木。

嫁接部位以下的砧木易萌发新芽，应及时检查和除萌，以免浪费养分，促进嫁接部位以上生长。

三 定干

对于达到定干高度的幼树，要及时进行定干。定干高度要依据品种特性、栽培方式、土壤和环境等条件而确定。立地条件好的核桃树定干可以高一点；平原密植园，定干要适当低一些。一般来讲，早实核桃的树冠较小，定干高度一般以 1.0～1.2 米为宜；晚实核桃的树冠较大，定干高度一般为 1.2～1.5 米；有间作物时，定干高度为 1.5～2.0 米。栽植于山地或坡地的晚实核桃，由于土层较薄，肥力较差，定干高度可在 1.0～1.2 米。果材兼用型品种，为了提高干材的利用率，定干高度可在 3 米以上。

四 冬季防抽条

我国华北和西北地区冬季寒冷干旱，栽后 2～3 年的核桃幼树经常发生抽条现象。因此，要根据当地具体情况，进行幼树防寒和防抽条工作。

防止核桃幼树抽条的根本措施是提高树体自身的抗冻性和抗抽条能力。加强肥水管理，按照前促后控的原则，7 月以前以施氮肥为主，7 月以后以施磷、钾肥为主，并适当控制灌水。在 8 月中旬以后，对正在生长的新梢进行多次摘心并开张角度或喷布 1000～1500 毫克/千克的多效唑，可有效控制枝条旺长，增加树体的营养贮藏和抗性。入冬前灌一次冻水，提高土壤的含水量，减少抽条的发生。及时防止大青叶蝉在枝干上产卵为害。在此基础上，对核桃幼树采取埋土、培土防寒（图 4-5），结合涂刷聚乙烯醇胶液，也可树干绑秸秆（图 4-6）、涂白，减少枝条水分的损失，避免抽条发生。

> **提示**　聚乙烯醇的熬制方法：将工业用的聚乙烯醇放入 50℃温水中，水与聚乙烯醇的质量比例为（15～20）∶1，边加边搅拌，直至聚乙烯醇完全溶于水，凉至不烫手后涂抹。

图 4-5　埋土防抽干

图 4-6　绑秸秆防抽条

第五章 核桃园土肥水管理

目前，核桃园普遍存在着重栽轻管甚至不管的现象。"良种配良方"，新品种需要新的栽培管理技术，否则，新品种的优势很难发挥。一般来讲，早实品种丰产性较强，需要较好的立地条件和栽培管理水平。如果结果后缺乏肥水管理，容易形成"小老树"，病虫害严重，产量低，质量差，经济效益差。只有做到良种良法配套，才能使核桃园整洁，核桃树健壮，经济效益增加。

第一节 土壤管理

🕐 **关键知识点：**

土壤管理是核桃园的重要工作之一。良好的土壤管理可以改善土壤的理化性质，促进土壤中的微生物活动，平衡土壤中的水、肥、气、热四大因子的关系，促进核桃幼树快速生长，提早结果，也能使盛果期的核桃树高产、稳产，是核桃园实现可持续发展的保障。

土壤管理的要点是：土壤深翻，施有机肥，改善土壤结构，提高保水、保肥能力；行间生草和覆盖，土壤免耕锄，防水土流失，省工降本；幼园间作改善微区气候，有利于幼树生长，增加收入，提高土地利用率。

一 土壤深翻、施有机肥

深翻是土壤管理的一项基本措施。土壤经过深翻可以改善土壤结构，提高保水、保肥能力，改善根系环境，达到增强树势，提高产量的目的。

土壤深翻易在采果后至落叶前进行，深度应在80~100厘米。此时被切断的根系容易愈合，发出大量新根，如果结合施基肥，则有利于树体吸收、积累养分，提高树体的耐寒力，也为第二年生长和结果打下基础。常用的深翻方式主要有以下几种：

1. 全园深翻

一般应在建园前或幼树期全园深翻1次，深度在80~100厘米。全园深翻用工量大，但深翻后便于平整土地和以后的操作。

2. 行间深翻

行间深翻对核桃根系伤害较小，每年在每行树冠投影以外开深度为60~80厘米的沟，埋入秸秆等有机肥。也可隔一行翻一行，第二年再翻另一行，这样工作量相对于全园深翻要小。

3. 深翻扩穴

深翻扩穴又叫放树窝子。幼树栽植后，根据根系的生长情况，逐年向外深翻，扩大定植穴，直到翻遍全园。这样用工少，但需要几年才能完成。

二 压土与掺沙

压土与掺沙是常用的土壤改良方法，具有改良土壤结构、改善根系环境、增厚土层等作用。北方寒冷地区一般在晚秋初冬进行，可起保温防冻的作用。压土和掺沙后，土壤熟化、沉实，有利于核桃生长发育。

压土厚度要适宜，过薄起不到压土作用，过厚对核桃生长发育不利，"沙压黏"或"黏压沙"时一定要薄一些，不要超过10厘米。连续多年压土，土层过厚会抑制核桃根系呼吸，从而影响核桃生长和发育，造成根颈腐烂，树势衰弱。压土、掺沙应结合增施有机肥，并进行深翻，使新旧土、沙土混匀。

三 中耕和除草

中耕和除草是核桃园土壤管理中经常采用的两项紧密结合的技术措施。中耕是除草的一种方式，除草也是一种较为简单的中耕。

1. 中耕

中耕可以调节土壤温度和改善通气状况，消灭杂草，减少养分、水分竞争，营造深、松、软、透气和保水保肥的土壤环境，以促进根系生长，提高核桃园的生产能力。中耕在整个生长季中可进行多次。在早春解冻后，及时耕耙或浅刨全园，并结合镇压，以保持土壤水分，提高土温，促进根系活动。秋季可进行深中耕，使干旱的核桃园多蓄雨水，涝洼的核桃园可散墒，防止土壤湿度过大及通气不良。

2. 除草

在不需要进行中耕的核桃园，也可单独进行除草。杂草不但与核桃树竞争养分和阳光，有的还是病菌的中间寄主和害虫的栖息地，容易导致病虫害蔓延。因此，需要经常进行除草工作。除草宜选择晴天进行。

四 生草栽培

除树盘外，在核桃树行间播种禾本科、豆科等草种的土壤管理方法叫作生草法。生草法在土壤水分条件较好的核桃园可以采用。选择优良草种，关键时期补充肥水，刈割覆于地面。在缺乏有机质、土层较深厚、水土易流失的核桃园，生草法是较好的土壤管理方法。

生草后土壤不再进行耕锄，管理较省工。生草可以减少土壤冲刷，遗留在土壤中的草根可增加土壤有机质，改善土壤的理化性状，使土壤能保持良好的团粒结构。在雨季，草类可用掉土壤中过多的水分、养分；在冬季，草枯死，腐烂后又将养分释放到土壤中供核桃树利用，因此生草可提高核桃树肥料的利用率，促进果实成熟和枝条充实，提高果实品质。生草还可提高核桃树对钾和磷的吸收，减少核桃缺钾症和缺铁症的发生。

长期生草的核桃园易使表层土板结，影响通气。草根系强大，并且在土壤上层分布密度大，截取渗透水分，并消耗表土层氮素，因而导致核桃根系上浮，与核桃争夺肥水的矛盾加大，因此要加以控制。核桃园采用生草法管理，可采取调节割草周期和增施矿质肥料等措施，如一年内割草4~6次，每亩增施5~10千克硫酸铵，并酌情灌水，可减轻与核桃争肥争水的弊病。

核桃园常用的草种有三叶草、紫云英、黄豆、苕子、毛野豌豆、苦豆子、山绿豆、山扁豆、地丁、鸡眼草、草木樨、鹅冠草、酱草、黑麦草、野燕麦等。豆科和禾本科混合播种，对改良土壤有良好的作用。选用窄叶草可节省水分，一般年降水量在500毫米以上且降水分布不十分集中的地区即可试种。在生草管理中，当出现有害草种时，需要翻耕重播。

五 核桃园覆盖

在核桃需肥水最多的生长前期保持清耕，后期或雨季种植覆盖作物，待覆盖作物成长后，适时翻入土壤中作为绿肥，这种方法称为清耕覆盖法。它是一种比较好的土壤管理办法，兼有清耕法与生草法的优点，同时减轻了两者的缺点。前期清耕可熟化土壤，保蓄水分和养分，具有清耕法管理土壤的优点；后期播种间作物，可吸收利用土壤中过多的肥水，有利于果实成熟，提高品质，并可以防止水土流失，增加有机质，具有生草法的某些优点。

核桃园覆盖，就是用秸秆（包括小麦秆、油菜秆、玉米秆和稻草等农副作物和野草）或者薄膜覆盖核桃园的方法。在核桃园进行覆盖，能增加土壤中的有机质含量，调节土壤温度（冬季升温、夏季降温），减少水分的蒸发与径流，提高肥料的利用率，控制杂草生长，避免秸秆燃烧对环境造成的污染，提高坚果品质。

（1）覆草 一年四季都可进行，但以夏末秋初为好。覆草前应适量追施氮肥，随后及时浇水，或者趁降雨追肥后覆盖。覆草厚度以 15～20 厘米为宜，为了防止大风吹散草或引起火灾，覆草后要斑点状压土，但切勿全面压土，以防造成通气不畅。覆草后，草逐年腐烂减少，要不断补充新草。平地和山地核桃园均可采用。

（2）地膜覆盖 具有增温、保温、保墒提墒、抑制杂草等功能，有利于核桃的生长发育。尤其是新栽幼树，覆膜后成活率提高，缓苗期缩短，越冬抗寒能力增强。覆膜时期一般选择在早春进行，最好是春季追肥、整地、浇水，或者降雨后趁墒覆膜。覆膜时，膜的四周用土压实，膜上斑斑点点地压一些土，以防风吹和水分蒸发。

六 核桃园间作

幼园核桃树体间空地较多可间作。间作可形成生物群体，群体间可互相依存，还可改善微区气候，有利于幼树生长，并可增加收入，提高土地利用率。

合理间作既充分利用光能，又可增加土壤有机质，改良土壤的理化性状。例如，间作大豆，除收获大豆外，遗留在土壤中的根、叶，每亩地可增加有机质约17.5千克。利用间作物覆盖地面，可抑制杂草生长，减少蒸发和水土流失，还有防风固沙的作用，缩小地面温变幅度，改善生态条件，有利于核桃的生长发育。

盛果期的核桃园，在不影响核桃树生长发育的前提下，也可种植间作物。种植间作物时，应加强树盘肥水管理，尤其是在作物与核桃树竞争养分剧烈的时期，要及时施肥灌水。

间作物要与核桃树保持一定距离，尤其是播种多年生牧草时更应注意。因多年生牧草根系强大，应避免其根系与核桃树的根系交叉，加剧争肥争水的矛盾。间作物植株矮小，生育期较短，适应性强，与核桃树需水临界期最好能错开。在北方没有灌溉条件的核桃园，耗水量多的宽叶作物（如大豆）可适当推迟播种期。间作物与核桃树没有共同病虫害，比较耐荫和收获较早等。

为了避免间作物连作所带来的不良影响，需要根据各地的具体条件制定间作物的轮作制度。轮作制度因地而异，以选中耕作物轮作较好。

第二节 施肥技术

 关键知识点：

在实际的核桃生产管理中，经验施肥、参照施肥、随意施肥及不施肥等不合理施肥的现象普遍存在，造成施肥不足或过量，达不到精准施肥标准，严重制约了核桃产业的健康发展。造成这一现象的重要原因之一是：尚未制定出全面有效、统一的施肥标准。氮、磷、钾是核桃树生长发育过程中所必需的大量元素。目前，国内外已经在苹果、柑橘、桃等主要果树上进行了施肥量与果树生长和果实品质的相关研究，发现施用适量的氮、磷、钾肥能够促进果树花芽分化，提高坐果率，增加平均单果重等。

施肥的要点是：早实核桃施足发芽花前肥，以速效氮为主，每株施尿素0.5～1.0千克；重视幼果膨大（6月）肥，每株施氮、磷、钾复合肥1.5～2.5千克；施好硬核（7月）肥，每株施氮、磷、钾复合肥0.5～1.0千克。

一 肥料的种类

肥料一般可分为有机肥料和化肥两种。有机肥料是有机物料经过堆积、腐熟而成的，如厩肥、堆肥等可作为基肥。其能够在较长时间内持续供给树体生长发育所需要的养分，并能在一定程度上改良土壤性质。化肥以速效性无机肥料为主，根据树体的需要，在核桃生长期施入，以补充有机肥料的不足。其主要作用是满足某一生长阶段核桃对养分的大量需求。

1. 有机肥料

我国果园土壤有机质普遍偏低，大部分土壤中有机质的含量不足1%。要提高土壤有机质主要依靠有机肥料的施用。有机肥料也称农家肥，是利用人畜禽粪便、杂草、秸秆等有机物质就地取材、就地积存的肥料。有机肥料种类多、来源广、营养成分全面，是核桃园的基础肥料。

有机肥料大多含有丰富的有机质、腐殖质及核桃树所需的各种大量和微量元素。但由于其许多养分以有机态存在，其营养释放缓慢，但是肥效持久，要经过微生物发酵分解，才能为核桃树吸收利用。我国核桃园土壤中的有机质含量严重不足，增加有机肥的施用量，不仅能供给核桃树各种元素，增加土壤肥力，还能改良土壤结构，改善根际环境。

（1）粪肥 粪肥是人粪尿、畜禽粪的总称，富含有机质和各种营养元素，其中人粪尿的含氮量较高，肥效较快，可做追肥、基肥，但以基肥为最好。人粪尿不能与草木灰等碱性肥料混合，以免造成氮素损失。畜粪分解慢，肥效迟缓，宜作为基肥。禽粪主要以鸡粪为主，氮、磷、钾及有机质含量均较高，宜作为基肥和追肥。由于新鲜鸡粪中的氮主要以尿酸盐类存在，不能被植物直接吸收利用，因此，用鸡粪作为追肥时，应先堆积腐熟后使用。鸡粪在堆积腐熟过程中，易引发高温，造成氮素损失，应做好盖土保肥工作。

利用人畜粪尿进行沼气发酵后再作为肥料使用，既可提高肥效，又可杀菌消毒。

（2）土杂肥 土杂肥是指炕土、老墙土、河泥垃圾等，这些肥料含有一定量的有机质和各种养分，有一定的利用价值，均可广泛收集利用。

（3）堆肥 堆肥是以秸秆、杂草、落叶等为主要原料进行堆制并利用微生物使之腐解而成的肥料。堆肥营养成分全，富含有机质，为迟效肥料，有促进土壤微生物活动和培肥改土的作用，宜作为基肥。

（4）绿肥 绿肥是苜蓿等绿肥植物刈割后翻耕或沤制而成的肥料，其富含有机质及各种矿质元素，长期施用绿肥既有利于提高土壤的有机质含量，还可改良土壤。

绿肥沤制时应先将鲜草铡成小段，混入1%过磷酸钙（即100千克绿肥加1千克过磷酸钙），将绿肥和土相间放入坑内，踏实，灌入适量的水，最上层用土封严，待腐烂后开环沟或放射沟施于树下。也可趁雨季湿度大时压青，因为绿肥植物的分解一般要求在厌氧状态和一定湿度条件下进行，所以必须在土壤湿度条件较好时压青。压青的方法是将刈割后的绿肥植物像施用有机肥一样（在树盘外延挖沟）压在树下土中，一般初果期核桃树压铡碎的鲜茎叶25～50千克，压青时也要混入1%过磷酸。压青时务必一层绿肥植物一层土（切忌将绿肥植物堆积过厚，以免其腐烂时发热烧伤根系）并加以镇压，湿度不够时应灌水。

2. 化肥

化肥又叫商品肥料或无机肥料。与有机肥料相比，其特点是成分单一，养分含量高，肥效快，一般不含有机质并具有一定的酸碱反应，贮运和使用比较方便。化肥的种类很多，一般可根据其所含养分、作用、肥效快慢、对土壤溶液反应的影响等来进行分类。

按其所含养分可划分为氮肥、磷肥、钾肥和微量元素肥料。其中，只含有一种有效养分的肥料称为单质化肥，同时含有氮、磷和钾3种元素中的2种或2种以上元素的肥料称为复合肥。

（1）氮肥 品种比较多，按其特性大致可分为铵态氮肥、硝态氮肥、硝-铵态氮肥、酰胺态氮肥四大类。常用氮肥有：

1）碳酸氢铵（NH_4HCO_3）：含氮量为17%。碳酸氢铵的生产工艺简单，成本低，是我国小型化肥厂的主要产品。其易溶于水，为速效型氮肥，除含氮外，施入土壤后分解释放的二氧化碳气体有助于碳素的同化作用，是一种较好的肥料。但是碳酸氢铵不稳定，在高温和潮湿的空气中极易分解，挥发散失氮素，所以应在干燥阴凉处贮存，用时有计划开袋，随用随开。

碳酸氢铵适于各种土壤，可作为追肥或基肥。旱地施用必须深施盖土，随施随盖，及时浇水，这是充分发挥碳酸氢铵肥效的重要环节，石灰性、碱性土壤尤应注意。碳酸氢铵不能与碱性肥料混合施用，干施时不能与潮湿叶面接触，以免叶片灼伤受害，也不能在烈日当头的高温下施用。

2）尿素 [$CO(NH_2)_2$]：含氮量为44%～46%，是固体氮肥中氮含量最高的一种。贮运时宜置于凉爽干燥处，防雨防潮。尿素为中性肥料，长期施用对土壤没有破坏作用。尿素态氮在转化为碳酸铵前，不易被土壤胶粒等吸附，易随水流失，转化后，氮素易挥发散失；转化时间因温度、湿度而异，一般施入土内2～3天最多半个月即可大部分转化，肥效较其他氮肥略迟，但肥效较长。尿素转化后产生的碳酸有助于碳素同化作用，也可促进难溶性磷酸盐溶解，供树体吸收、利用。

尿素适于各种土壤，一般作为追肥施用，注意施匀，深施盖土，施后可不急于灌水，尤其不宜大水漫灌，以免淋失。尿素尤宜作为根外追肥用，但缩二脲超过2%的尿素易产生毒害，只宜在土壤中施用。

3）硝酸铵（NH_4NO_3）：含氮量为34%～35%，铵态氮和硝态氮各约占一半。其养分含量高，吸湿性强，有助燃性和爆炸性，贮存时宜置于凉处，注意防雨防潮，不要与易燃物放在一起，结块后不要用铁锤猛敲。硝酸铵为生理中性肥料，肥效快，在土壤水分较少的情况下，作为追肥比其他铵态氮肥见效快，但在雨水多的情况下，硝态氮易随水流失。

硝酸铵适于各种土壤，宜做追肥用，注意少量多次，施后盖土。如果必须用作基肥，应与有机肥料混合施用，以避免氮素淋失，增进肥效。

4）硫酸铵 [$(NH_4)_2SO_4$]：易溶于水，肥效快。其为生理酸性肥料，施入土壤后，铵态氮易被作物吸收或吸附在土壤胶粒上，硫酸根离子则多半留在土壤溶液中，因此酸性土长期施用会提高土壤酸性，中性土中则会形成硫酸钙堵塞孔隙，引起土壤板结，所以在保护地核桃树栽培中忌用此化肥以防土壤盐渍化。宜作为追肥，注意深施盖土，及时灌水。不能与酸性肥料混用，在石灰土中配合有机肥料施用，可减少板结现象。

5）氨水（NH_4OH）：含氮量为16%～17%。其挥发性强，有刺激性气味，挥发出的氨气能灼伤植物茎、叶。呈碱性反应，对铜等腐蚀性强。贮运时要注意防渗漏、防腐蚀、防挥发。可作为追肥或基肥。施用时，应尽快施入土中，避免直接与核桃树的茎、叶接触。可兑水30～40倍，开沟施10～15厘米深，施用后立即覆土；也可用50份细干土、圈粪或风化煤等与1份氨水混合，然后撒施浅翻。

（2）磷肥　根据所含磷化物的溶解度可分为水溶性、弱酸溶性和难溶性3类。水溶性磷肥有过磷酸钙等，能溶于水，肥效较快。弱酸性磷肥有钙镁磷肥等，施入土壤后，能被土壤中的作物根系分泌的酸逐渐溶解而释放核桃树吸收利用的物质，肥效较迟。难溶性磷肥有磷矿粉、骨粉等，一般认为只有在较强的酸中才能溶解，施入土中，肥效慢，后效较长。

磷肥中的磷酸盐溶到土壤水分中后，如果未被作物吸收，就有被土壤固定的可能，在碱性或石灰性强的土壤中，易转化成不易被植物根系直接利用的磷酸钙或磷酸镁。磷肥在土壤中移动性小，施在哪里就几乎停在哪里，这些都影响磷肥的有效性。采用集中施、分层施，作为基肥深施到根系集中分布层，与有机肥料混合或堆沤后施用，可以减少土壤对水溶性磷的固定，提高磷肥的肥效。

磷肥只有与充足的氮肥及有机肥料配合使用，才能达到应有的效果。常用的磷肥有：

1）过磷酸钙：含磷量为12%～18%。其有吸湿性和腐蚀性，受潮后结块，呈酸性，不宜与碱性肥料混用，以免降低肥效。其为水溶性速效磷肥，可做追肥用，但最好用作基肥。加水浸取出的澄清液可做磷素根外追肥用。

2）磷矿粉：由磷矿石直接磨制而成，为难溶性磷肥，有效磷含量不高，因此施用量要比其他磷肥大3～5倍，但后效较长，往往第二年的肥效大于第一年的肥效。为了提高磷矿粉的肥效，最好与有机肥料混合堆沤后再施用，或者与酸性、生理酸性肥料混合施用。磷矿粉宜作为积肥，集中深施。

（3）钾肥　常用的钾肥包括以下几种：

1）硫酸钾（K_2SO_4）：折算成氧化钾的含量为48%～52%，易溶于水；为生理酸性肥料，同硫酸铵一样，长期施用则残留的硫酸根会使酸性土酸性增加，可能引起石灰性土板结，不宜长期在保护地核桃树上施用；可作为基肥或追肥，但钾在土壤中的移动性小，一般多作为基肥或早期追肥，开沟、开穴深施至根系集中分布层，以提高肥效。

2）氯化钾（KCl）：折算成氧化钾的含量为50%～60%。其易溶于水，易吸潮结块，宜置于高燥处贮存。施用方法与硫酸钾近似，但由于含有氯，不宜在盐渍土中施用，也不宜在忌氯作物（马铃薯、烟草、葡萄等）上施用；在苹果树上长期施用，会提高土壤酸性。

3）草木灰：草木灰是柴草燃烧后的残渣，成分比较复杂，以钙、磷、钾为主。一般草木灰中含氧化钾（K_2O）6%～25%，含磷酸（P_2O_5）3%～5%，含生石灰（CaO）30%。习惯上把草木灰当钾肥看待，实际上是以磷、钾为主的无机肥料。草木灰中的钾多以磷酸钾形式为主，可占全钾量的90%，还有少量硫酸钾和氯化钾。磷具有弱酸溶性。草木灰中的钙以氧化钙的形式存在。这些成分都易被作物吸收利用。所以，草木灰是一种速效肥料。草木灰里的养分易溶于水。草木灰易随风飞扬散失，在保管过程中要单存，避免雨淋、水泡、风吹，不要与粪尿混合。

草木灰施入土壤后，钾可直接被作物吸收或被土壤胶体吸附，施入后不会流失。开始施入时能引起土壤碱性提高，但当其中的钾被作物吸收或被土壤吸附后，碱性又会逐渐降低。

一般土壤都可施用草木灰，其只对盐碱土不易施用，可作为基肥、追肥，也可用浸出液进行根外追肥，施肥方法与硫酸钾相同，但不宜与铵态氮肥、尿素、人粪尿、过磷酸钙等混合施用。

（4）复（混）合肥 复合肥是指含有两种或两种以上营养元素的化肥。复合肥具有养分含量高、副成分少且物理性状好等优点，对于平衡施肥，提高肥料利用率，促进作物高产稳产有着十分重要的作用。

复混肥是指复合肥和混合肥料的统称，指含有氮、磷、钾三要素中两种或两种以上养分标明量的肥料，可以通过化学合成和混配制成，包括二元型（如NP、NK、PK）和三元型（NPK）。这类肥料可节约包装和运输成本，减少施肥次数，也可根据当地土壤养分供应状况和目标作物需肥特性设计养分配方，生产专用型肥料。

1）硝酸磷肥：硝酸磷肥是二元氮磷复混肥，产品规格［以 $N-P_2O_5-K_2O$ 中每种物质的质量分数（%）表示］一般有两种：20-20-0 和 26-13-0。硝酸磷肥的主要成分是硝酸铵（NH_4NO_3）、硝酸钙［$Ca(NO_3)_2$］、磷酸一铵（$NH_4H_2PO_4$）、磷酸二铵［$(NH_4)_2HPO_4$］、磷酸一钙［$Ca(H_2PO_4)_2$］、磷酸氢钙（$CaHPO_4$）。硝酸磷肥呈深灰色，中性，吸湿性强，易结块，应注意防潮。肥料中非水溶性和硝态氮约各占磷、氮总量的一半。硝态氮不被土壤吸附，易随水流失，施在旱地往往比水田好；在严重缺磷的旱地土壤上，应选用高水溶率（P_2O_5的水溶率大于50%）的硝酸磷肥。其宜作为基肥或早期追肥。

2）磷酸铵：磷酸铵实际上是磷酸二铵 [$(NH_4)_2HPO_4$] 和磷酸一铵（$NH_4H_2PO_4$）的混合物，为二元氮磷复合肥。磷酸二铵的规格为 18-46-0，磷酸一铵的规格为 12-52-0。成品磷酸二铵中含有少量的磷酸一铵。磷酸铵是白色颗粒，易溶于水，呈中性，性质稳定，磷素几乎为水溶性的。磷酸二铵性质较稳定，呈白色或灰白色，易溶于水，偏碱性，吸湿性小，结块易打散；磷酸一铵性质稳定，偏酸性，适于作为基肥。因肥料中磷含量是氮含量的 3~4 倍，核桃树施用时要配合单元氮肥。磷酸铵是生产混合肥料的一种理想的基础肥料。

3）磷酸二氢钾：磷酸二氢钾的分子式为 KH_2PO_4。工业上纯净的磷酸二氢钾的规格为 0-52-35，农用的一般为 0-24-27，是二元磷钾复合肥。农用的磷酸二氢钾为白色结晶，易溶于水，吸湿性小，不易结块，溶液呈酸性反应（pH 3~4）。由于磷酸二氢钾价格较贵，目前多用于叶面喷施。

4）硝酸钾：硝酸钾也称硝石，俗名火硝，分子式为 KNO_3，规格为 13-0-46，是一种低氮高钾的二元氮钾复合肥。硝酸钾为白色结晶，吸湿性小，不易结块，副成分少，易溶于水，发生中性反应。它含硝态氮，易流失。硝酸钾与易燃物接触，在高温下易引起燃烧爆炸，贮存时应予以注意。

5）铵磷钾肥：铵磷钾肥是用磷酸铵、硫酸铵和硫酸钾按不同比例混合而成的，规格有 12-24-12（S）、10-20-15（S）、10-30-10（S）等多种，是三元氮磷钾混合肥。现在也有在尿素磷酸铵或氯铵磷酸铵，或氯铵普钙的混合物中再加氯化钾，制成含单氯或双氯的三元氮磷钾混合肥料，但不能用在忌氯果树上。铵磷钾肥的物理性状良好，易溶于水，易被作物吸收利用。它主要做基肥用，也可做早期追肥用。其为不含氯的混合肥料，目前主要用在烟草、果树等忌氯作物上，施用时可根据需要，选用其中一种适宜的规格，或者在追肥时用单质氮肥进行调节。

6）硝磷钾肥：由硝酸铵、磷酸铵、硫酸钾或氯化钾等组成，规格一般为 10-10-10（S）、15-15-15（Cl）、12-12-17（S）等形式，是三元氮磷钾复合肥。它是在制造硝酸磷肥的基础上，添加硫酸钾或氯化钾后制成的，生产时可按需要选用不同比例的氮、磷、钾。硝磷钾肥为浅褐色颗粒，有吸湿性，磷素中有 30%~50% 为水溶性。不含有氯离子的氮磷钾肥，如现在山东推广的 12-12-17（S)-2（其中 2 为 2% 的镁），已成为果树产区的专用肥料，作为果树基肥和早期追肥，增产和提高品质的效果显著，每亩用量为 100~200 千克。

二 施肥时期

肥料的施用时期与肥料的种类和性质、施用方法、土壤条件、气候条件、核桃树的种类和生理状况有关。一般原则是及时满足核桃树的需要，提高肥料的利用率，尽量减少施肥次数，节省劳动力。

1. 有机肥的施用时期

有机肥施用最适宜时期是秋季（采果后至落叶前 1 个月），其次是落叶至封冻前，以及春季解冻至发芽前。秋施基肥能有充足的时间腐熟，并使断根愈合发出新根，因为此时正是根的生长高峰期，根的吸收力较强，吸收后可以提高树体的贮藏营养水平。树体较高的营养贮备和早春土壤中养分的及时供应，可以满足春季发芽展叶、开花、坐果和新梢生长的需要。而落叶后和春季施基肥，肥效发挥作用的时间晚，对核桃树早春生长发育的作用很小，等到肥料被大量吸收利用时，往往就到了新梢的旺长期。山区干旱又无浇水条件的核桃园，因施用基肥后不能立即灌水，所以，基肥也可在雨季趁墒施用。但有机肥一定要充分腐熟，施肥速度要快，并注意不伤粗根。

2. 化肥的施用时期

核桃作为多年生植物，贮藏营养水平的高低对其生长发育特别重要，因此应重视基肥。施基肥的时间是在 9 月下旬。施肥种类以有机肥为主，配合施氮、磷、钾化肥，有微量元素缺乏症的园片可在此时补充。此期化肥的施用量占全年施用量的 2/5。

追肥一般每年进行 2~3 次，第一次在核桃开花前或展叶初期进行，以速效氮为主。其主要作用是促进开花坐果和新梢生长，追肥量应占全年追肥量的 50%。第二次在幼果发育期（6 月），仍以速效氮为主，盛果期核桃树也可追施氮、磷、钾复合肥。此期追肥的主要作用是促进果实发育，减少落果，促进新梢的生长和木质化程度的提高，以及花芽分化，追肥量占全年追肥量的 30%。第三次在坚果硬核期（7 月），以磷、钾复合肥为主，主要作用是供给核桃仁发育所需的养分，保证坚果充实饱满，追肥量占全年追肥量的20%。

 施肥标准

适宜施肥量的确定是一个十分复杂的问题，涉及计划产量、土壤类型、养分含量、气候因素、肥料种类及利用率等。平衡施肥是果树发展的方向，平衡施肥的关键是估算施肥量。施肥量的估算方法有地力分区（分级）法、目标产量法和肥料效应函数法等。

1. 地力分区（分级）法

地力分区（分级）法是将土壤按肥力的高低分出若干等级，或者划出一个肥力均等的田块，作为一个配方区，利用土壤普查资料和过去的田间试验结果，结合群众经验，估算出这一配方区内比较适宜的肥料种类和施用量。

这一方法的特点比较简单粗放，便于应用，但有一定的地域局限性，只适用于那些生产水平差异小，基础较差的地区。

2. 目标产量法

目标产量法是根据核桃产量，由土壤和肥料两个方面供给养分的原理来计算施肥量。这一方法应用最为广泛，其基本估算方法如下：

计划施肥量（千克）＝[核桃树计划产量所需养分总量（千克）－土壤供肥量（千克）]/[肥料养分含量（%）×肥料利用率（%）]

核桃树计划产量所需养分总量（千克）＝（核桃树计划产量/100）×形成100千克经济产量所需养分的数量

肥料利用率（%）＝（施肥区核桃树体内该元素的吸收量－不施肥区核桃树体内该元素的吸收量）/所施肥料中该元素的总量×100

土壤养分供给量（千克）＝土壤测定值×0.15×矫正系数

式中，0.15为土壤测定值（毫克/千克）换算成每亩土壤养分含量（千克）的换算系数。

矫正系数（即核桃树对土壤养分的利用率）＝（空白区产量×核桃树单位产量的吸收量）/[土壤养分测定值×0.15]

在应用计划施肥量计算公式时，应从实际出发，按产供肥，不能以肥定。还需要指出，应加强其他管理措施，使施肥与水分管理、病虫害防治等农业措施相互配套应用。肥料利用率受施肥时期、施肥量、释放方法和肥料种类的影响。在目前一般的栽培管理水平下，核桃对氮肥的利用率一般为15%~30%，对磷肥的利用率为10%~15%，对钾肥的利用率为40%~70%，对有机肥料的利用率较低，对一般腐熟较好的厩肥或泥肥的利用率在10%以下。

四 施肥方法

1. 土壤施肥方法（图5-1）

（1）环状沟施肥 特别适用于幼树施基肥，方法为在树冠外沿20~30厘米处挖宽40~50厘米、深50~60厘米（追肥时深度为20~30厘米）的环状沟，把有机肥与土按1:3的质量比例及一定数量的化肥掺匀后填入。随树冠扩大，环状沟逐年向外扩展。此方法操作简便，但断根较多。

辐射状施肥　　　　　　穴状施肥

条状沟施肥　　　　　　环状沟施肥

图5-1　土壤施肥方法

（2）条状沟施肥 在树的行间或株间或隔行开沟施肥，沟宽、深同环状沟施肥一样。此方法适于密植园施基肥。

（3）辐射状施肥 从树冠边缘处向里开深50厘米、宽30~40厘米的条沟（行间或株间），或者从距树干50厘米处开始挖放射沟，内膛沟窄些、浅些（深约20厘米，宽约20厘米），冠边缘处宽些、深些（深约40厘米，宽约40厘米），每株3~6条沟，依树体大小而定。然后将有机肥、轧碎的秸秆、土（最好沙土地填充一些黏土，黏土地填一些沙或砾石）混合，根据树体大小可再向沟中追入适量尿素（一般50~100克，或者浇人粪尿）、磷肥，根据土壤养分状况可再向沟中选择加入适量的硫酸亚铁、硫酸锌、硼砂等，然后灌水，最好再结合覆草或覆膜。沟中透气性好，养分富足且平衡，而且在大量有机质存在的前提下，微量元素、磷的有效率高，有机质、秸秆还可以作为肥水的载体，使沟中保肥保水、供水供肥力强，肥水稳定，就好像形成了一个大的团粒，为沟中根系创造了最佳的环境条件。在追肥时也可开浅沟，沟的长度与树的枝展相同，深度为10～15厘米，将肥料均匀撒入沟中并与土掺匀，切忌施用大块化肥，以免烧根，然后覆土浇水，也可雨后趁墒情好时追施化肥。

(4) 地膜覆盖、穴贮肥水法 3月上中旬～4月上旬整好树盘后在树冠外沿挖深35厘米，直径为30厘米的穴，穴中加一个直径为20厘米的草把（玉米秸、麦秸、稻秸、高粱秸均可），高度低于地面5厘米（即长30厘米）。草把先用水泡透，放入穴内，填上土与有机肥的混合物，然后灌营养液4千克。穴的数量视树冠大小而定，一般5～10年生树挖2～4个穴；成龄树挖6～8个穴。然后覆膜，将穴中心的地膜戳一个洞，平时用石块封住防止内部水分蒸发，由于穴低于地面5厘米，降雨时可使雨水循孔流入穴中，若不下雨，每隔半个月左右浇4千克水，进入雨季后停止灌水，在花芽生理分化期可再灌一次营养液。

这种追肥方法断根少，肥料施用集中，减少了土壤的固定作用，并且草把可将一部分肥料吸附在上面且逐渐释放，从而加长了肥料作用时间，而且草把腐烂后又可增加土壤有机质。再加上覆膜，可以提高土温促使根系活动，利于及早发挥肥效。因此，这种施肥方法可以节省肥水，比一般的土壤追肥可少用一半的肥料，是经济有效的施肥方法。施肥穴每隔1～2年改动一次位置。

(5) 全园施肥 全园施肥适于根系已布满全园的成龄树或密植园。将肥料均匀地撒入核桃园，再翻入土中。此方法因施得浅（20厘米左右），易导致根系上浮，降低根系对不良环境的抗性，最好与辐射状施肥交替使用。

采用连年覆草法的果园，草每年可腐烂一部分，形成腐殖质，增加了土壤中有机质的含量，可以不必考虑施用有机肥，仅追施氮、磷、钾肥即可，有缺素症的则补充含该元素的肥料。

2. 根外追肥

核桃树除了通过根系吸收养分外，还可通过枝条、叶片等吸收养分，这种对枝条或叶面施肥的方法又称根外施肥。采取根外施肥，把握好肥料的种类、浓度、时期、次数、部位等环节，可以弥补根系吸收肥料不足，获得较好的增产效果。

核桃树根外追肥是将肥料直接喷施在树体地上部的枝叶上，可以弥补根系对肥料吸收不足或作为应急措施。根外追肥不受新根数量和土壤理化特性等因素的干扰，养分直接进入枝叶中，有利于更快地改变树体营养状况。而且根外追肥后，养分的分配不受生长中心的限制，分配均衡，有利于树势的缓和及弱势部位的促壮。另外，根外追肥还常用于锌、铁、硼等微量元素缺素症的矫正。但根外追肥不能代替根际追肥，二者各具特点，应互为补充。

核桃树根外追肥不仅可在生长季进行，也可在休眠期进行。休眠期根外追肥的用量为1%~5%，生长季的用量为0.1%~0.5%。对高浓度敏感的树种追肥及施用微量元素肥料时，肥料的用量应低些。

（1）选用适宜的肥料种类 根据核桃树的生长发育及营养状况，选择适宜的根外追肥种类。在核桃幼树或生长季的初期或前期，为促进生长发育，喷施的肥料主要有尿素、硝酸钾、硝酸钙等氮肥。在核桃盛果期或生长季的中期或后期，为改善核桃树的营养状况，叶面喷施的肥料主要有尿素、磷酸二氢钾、过磷酸钙、硫酸钾、草木灰、硝酸铵、硫酸铵及一些微量元素肥料。

（2）选择适宜的喷施浓度 根外施肥，浓度适宜，才能收到良好的效果，浓度高，不但无益，反而有害。通常各种根外追肥溶液的适宜喷施量为：尿素0.3%~0.5%、硝酸铵0.1%~0.3%、磷酸二氢钾0.2%~0.5%、草木灰浸出液3%~5%、腐熟人粪尿1%~3%、硼酸或硼砂0.2%~0.3%、硫酸锌0.1%~0.4%、硫酸亚铁0.1~0.4%、硝酸钙0.3%~0.4%、氯化钾0.3%，如果确需喷施高浓度肥料，以不超过规定浓度的20%为易（应进行小面积试验后再喷施）。

（3）选择适宜的喷施时期 根外追肥的时期，必须根据树体状况和微肥的用途不同而定。一般根外追肥在生长季节进行，而草木灰在果实膨大期喷施为好，硫酸锌为防治小叶病在萌芽前喷施，硼酸、硼砂为提高坐果率在开花期喷施。为减少根外追肥在喷施过程的损失，最好选择在阴天喷施，晴天则选择在下午至傍晚无风时喷施，以尽可能延长肥料在枝叶上的湿润时间，增强植株吸收肥料的效果。有露水的早晨喷施肥料，会降低其浓度，影响施肥效果。若喷后3小时遇雨，待晴天时补喷一次，但浓度要适当降低。

（4）确定适宜的喷施次数　受浓度和用量的限制，根外追施1次微含量肥料，难以满足树体1年中生长发育对营养元素的要求。一般1年喷2~4次，每次喷施后的间隔期至少在1周以上。对于土壤中微量元素缺乏、核桃树严重缺乏肥料，可多次喷施，并注意与土壤施肥相互结合。至于在树体内移动性小或不移动的养分（如铁、硼、钙、磷等），更应注意适当增加喷施次数。

3. 施肥与水分管理

核桃树的营养状况与土壤水分含量关系密切。核桃园土壤中的矿质元素只有溶解在水中，才能扩散到根系表面；进入到核桃树根系的养分很大部分是随着蒸腾被运输到地上部发挥作用的；多数矿质元素的有效性与土壤水分含量关系密切，在干旱条件下其有效性大大降低，如硼、钙等元素。但若土壤水分含量过大，不仅制约根系的生长，而且造成土壤养分流失。特别是水溶性强的氮、钾等元素，在土壤水分含量过大的情况下，随水积聚在较深的土层中，而这一层次的核桃树根系由于积水而吸收功能极差，核桃树会因此表现出暂时性缺素症。因此，加强核桃园的水分管理，不仅对根系生长有利，而且与养分的有效利用关系密切。施肥与水分管理密不可分。

五　营养诊断

1. 树相诊断

树体的营养状况除受遗传因子控制外，生态条件与人工管理水平也影响营养物质的吸收、运转、与分配，因而在一定的立地条件下，由于植株长期与其适应的结果，树体各器官的数量、质量、功能不同，形成了营养水平与外观形态不同的植株类型，即树相不同。

（1）缺氮症状及防治措施　缺氮症状及防治措施如下：

1）症状：核桃植株缺氮，叶色较浅，叶片较小，枝条生长量减少，叶片早期变黄，提前落叶。而植株生长不良，就会影响果实的形成和发育。

2）防治措施：氮是氨基酸、蛋白质、叶绿素和其他器官组成部分的基本元素。通过春季或秋季施足腐熟的农家肥，每株需纯氮肥1.5～1.8千克。如果表现出缺氮症状，可每亩追施尿素5～10千克，分2～3次施入。

（2）缺磷症状及防治措施 缺磷症状及防治措施如下：

1）症状：缺磷会造成树体衰弱，叶片稀疏，小叶片比正常叶片略小。叶片出现不规则的黄化和坏死部分，落叶提前，果少且小。

2）防治措施：磷肥能促进核桃树生根、开花、结果，增强抗逆性，提高核桃产量。磷肥一般和有机肥一起做底肥施用，每亩可施优质过磷酸钙30～40千克。

（3）缺钾症状及防治措施 缺钾症状及防治措施如下：

1）症状：核桃树缺钾时，叶片在初夏和仲夏出现症状。叶片呈灰白色（类似缺氮），然后小叶的叶缘呈波状并内卷，叶背呈浅灰色。一般缺钾的叶片多数分布在枝条中部。叶片及枝条生长量降低，坚果变小。

2）防治措施：钾能促进植物体内的各种代谢，增加油脂，提高种仁的品质。草木灰、土杂肥中含钾丰富，每亩一般施草木灰75千克或硫酸钾5.0～7.5千克。草木灰等钾肥容易流失，应深层施用。出现缺钾症状的地块，可在幼果发育期（6月）和坚果硬核期（7月）每亩施50～75千克草木灰。施用钾肥时应注意与氮、磷肥配合，以取得较好的肥效。

（4）缺锌症状及防治措施 缺锌症状及防治措施如下：

1）症状：缺锌症，俗称小叶症。患病的核桃树表现为叶小且瘦，叶片卷曲。严重缺锌时，全树叶片小而卷曲，枝条顶端枯死，有的早春表现正常，夏季则部分叶片开始出现缺锌症状。

2）防治措施：在叶片长到最终大小的3/4时，喷施0.3%～0.5%硫酸锌溶液，隔15～20天喷1次，共喷2～3次，其效果可维持几年。也可于深秋依据树体大小将1.0～1.2千克硫酸锌施于距离树干70～100厘米、深15～20厘米的沟内，埋土。

（5）缺硼症状及防治措施 缺硼症状及防治措施如下：

1）症状：缺硼症主要表现为枝梢干枯，小叶的叶脉间出现棕色小点，小叶易变形，幼果易脱落，空壳多。

2）防治措施：冬季结冻前，土壤施用硼砂，每亩施用 1.5~2.0 千克，施后立即灌水，或者喷施 0.1%~0.2% 硼酸溶液。应注意的是，硼过量也会出现中毒现象，其树体表现与缺硼相似，因此，生产中要注意区分，勿过量施硼。

（6）缺锰症状及防治措施 缺锰症状及防治措施如下：

1）症状：缺锰症状在初夏和中夏开始显现，具有独特的褪绿症状，叶片失绿，叶脉之间为浅绿色，叶肉和叶缘处出现焦枯斑点，易早落。

2）防治措施：酸性土壤中锰易被植株吸收，碱性土壤中易缺锰。整地时，每亩施硫酸锰 1.5~3.0 千克。核桃生育期缺锰时，可用 0.1% 硫酸锰溶液，每隔 10~15 天喷 1 次，注意不可过量，防止锰中毒。

（7）缺铜症状及防治措施 缺铜症状及防治措施如下：

1）症状：缺铜症常与缺铁症和缺锰症同时发生，主要表现为种仁萎缩，叶片黄化早落，小枝表皮出现黑色斑点，严重时枝条死亡。

2）防治措施：在春季展叶后喷施波尔多液，或者在距树干约 70 厘米处开 20 厘米深的沟，施入硫酸铜，也可直接喷施 0.3%~0.5% 硫酸铜溶液。

（8）缺铁症状及防治措施 缺铁症状及防治措施如下：

1）症状：叶片很早出现黄化，之后全树叶片出现黄化，顶部叶片比基部叶片黄化严重。一些严重褪绿的叶片可呈白色，最后发展成烧焦状，提早脱落。

2）防治措施：整地时，每亩施硫酸亚铁 200~400 克，与有机肥、过磷酸钙混合施用。核桃幼果发育期、坚果硬核期出现缺铁症状时，每亩用 0.2% 硫酸亚铁溶液 40~50 千克进行叶面喷施，每隔 5~6 天喷 1 次，连喷 2~3 次。

2. 土壤诊断

矿质元素主要来源于土壤，元素的有效性与核桃园有效土层的深度、理化性状、施肥制度等有关。因此，进行树相诊断时还需进行土壤诊断。主要测定项目为：有效土层厚度、机械组分比例、土壤腐殖质含量、土壤 pH、代换性盐基量、土壤的持水量、微生物含量等。由于影响养分有效性的因子较为复杂，如根系的吸水特点、养分向根际移动的速率、可给态养分形态间的转换与平衡及可给态养分测定方法等均影响研究结果，所以经常会出现土壤分析的结果与树体营养状况相关性不明显。土壤诊断养分的分级标准很多，如国际分级标准、全国分级标准、省分级标准等。由于核桃园多数建在山丘地和沙地，其养分含量偏低，上述分级标准无法衡量比较。为此，通过查阅资料，把核桃园土壤分为五级（表5-1），仅供参考。某种养分含量在中等以下时，应及时补充，否则易发生缺乏症。

表5-1 山东省核桃园土壤分级及养分含量范围

项 目	较高	适宜	中等	低	极低
有机质（%）	>1.0	0.8~1.0	0.6~0.8	0.4~0.6	<0.4
全氮（%）	>0.08	0.06~0.08	0.04~0.06	0.02~0.04	<0.02
碱解氮/（毫克/100克土）	>12	9~12	6~9	3~6	<3
有效磷/（微克/克）	>20	10~20	5~10	3~5	<3
有效钾/（微克/克）	>150	100~150	50~100	30~50	<30
有效锌/（微克/克）	>3.0	1.0~3.0	0.5~1.0	0.3~0.5	<0.3
有效铁/（微克/克）	>20	10~20	5~10	2~5	<2

3. 叶片诊断

叶片诊断通常是在形态诊断的基础上进行的。特别是某种元素缺乏但尚未表现出典型症状时，需用叶片分析方法来诊断。一般来说，叶片分析的结果是核桃树体营养状况最直接的反映，因此诊断结果准确可靠。叶片分析方法是用植株叶片元素的含量与事先经过试验研究拟定的临界含量或指标（即核桃叶片各种元素含量标准值）相比较，用以确定某些元素的缺乏或失调。

（1）样品的采集 进行叶片分析需先采集分析样品，对于核桃树，取带叶柄的叶片。核桃树取新梢具有5~7个复叶的枝条中部的一对小叶。取样时要照顾到树冠四周方位。核桃树在盛花后6~8周取样。混合叶样不少于100片。

（2）样品的处理 采集的样品装在塑料袋中，放在冰壶内迅速带回实验室。取回的样品用洗涤液立即洗涤。洗涤液的配法是用洗涤剂或洗衣粉配成0.1%的水溶液。取一块脱脂棉用竹镊子夹住轻轻擦洗，动作要快，洗几片拿几片，不要全部倒在水中。叶柄顶端最好不要浸在水中，以免养分淋失。如果叶片上有农药或肥料，应在洗涤剂中加入盐酸，配成0.1摩尔/升的盐酸洗涤剂进行洗涤，也可先用洗涤剂洗涤，然后用0.1摩尔/升的盐酸洗。从洗涤剂中取出叶片后，立即用清水冲掉叶片上的洗涤剂。

取相互比较的样品时，要从品种、砧木、树龄、树势、生长量等立地条件相对一致的树上取样，不取有病虫害或破损不正常的叶片。取到的样品要按田间编号、样品号、样品名称、取样地点、取样日期和取样部位等填写标签。

有研究表明，叶片中氮、磷、钾含量分别在 2.5%~3.0%、0.2%~0.3% 和 1.3%~1.5% 范围内就能满足核桃实生苗的生长需求。

第三节　水分管理

关键知识点：

灌顶凌水和促萌水，并在硬核期、种仁充实期及封冻前灌水；肥水一体化技术具有显著的节水节肥、省工省时、增产增效的作用。核桃抗旱怕涝，丘陵山地建设排涝系统，及时排水防涝。

核桃较耐干燥的空气，而对土壤水分状况很敏感，灌水是增产的一项有效措施。在生长期间若土壤干旱缺水，则坐果率低，果皮厚，种仁发育不饱满；施肥后如果不灌水，也不能充分发挥肥效。因此，遇到干旱时要及时灌水。

一　灌水时期

一要根据土壤的含水量，二要根据核桃物候期及需水特点来确定核桃园的灌水时期。依核桃物候期灌水时期主要有春季萌芽前后、坐果后及采收后3次。除物候指标外，还要参考土壤的实际含水量。一般生长期要求土壤的含水量低于60%时灌溉；当超过80%时，则需要及时中耕散湿或开沟排水。具体实施灌溉时，要分析当时、当地的降水状况，以及核桃的生育时期和生长发育状况。灌溉还应结合施肥进行。核桃应灌顶凌水和促萌水，并在硬核期、种仁充实期及封冻前灌水。

根据输水方式，核桃园灌溉可分为地面灌溉、地下灌溉、喷灌和滴灌。目前大部分核桃园仍采用地面灌溉，干旱山区多数为穴灌或沟灌，少数核桃园采用喷灌、滴灌，个别用地下管道渗灌。

1. 地面灌溉

最常用的是漫灌法。在水源充足，靠近河流、水库、塘坝、机井的核桃园，在园边或几行树间修筑较高的畦埂，通过明沟把水引入核桃园。地面灌溉灌水量大，湿润程度不匀。这种方法灌水过多，加剧了土壤中的水、气矛盾，对土壤结构也有破坏作用。在低洼及盐碱地，还有抬高地下水位，使土壤泛碱的弊端。

与漫灌近似的是畦灌，以单株或一行树为单位筑畦，通过多级水沟把水引入树盘进行灌溉。畦灌用水量较少，也比较好管理，但也有漫灌的缺点，只是程度较轻。在山区梯田、坡地则普遍采用树盘灌溉。

穴灌属于节水灌溉，即根据树冠的大小，在树冠投影范围内开 6～8 个直径为 25～30 厘米、深 20～30 厘米的穴，将水注入穴中，待水渗后埋土保墒。在灌过水的穴上覆盖地膜或杂草，保墒效果更好。

沟灌是地面灌溉中较好的方法，即在核桃树行间开沟，把水引入沟中，靠渗透湿润根际土壤。沟灌节省灌溉用水，又不破坏土壤结构。灌水沟的多少以栽植密度而定。在稀植条件下，每隔 1.0～1.5 米开一条沟，宽 50 厘米、深 30 厘米左右。密植园可在两行树之间只开 1 条沟。灌水后平沟整地。

2. 地下灌溉（管道灌溉）

借助于地下管道，把水引入深层土壤，通过毛细管作用逐渐湿润根系周围。用水经济，节省土地，不影响地面耕作。整个管道系统包括水塔（水池）、控水枢纽、干管、支管和毛管。各级管道在园中交织成网状排列，管道埋于地下 50 厘米处。通过干管、支管把水引入核桃园，毛管铺设在行间或株间，管上每隔一段距离留有出水小孔（或采用其他新材料渗透水）。灌溉时水从小孔渗出湿润土壤。控水枢纽处设有严密的过滤装置，防止泥沙、杂物进入管道。山地核桃园可把供水池建在高处，依靠自压灌溉；平地核桃园则需修建水塔，或通过压力泵等加压灌溉。

针对干旱缺水的山区，可使用核桃树皿灌器。以当地的红黏土为主，配合适量的褐土、黄土、黑土及耐高温的特异土，烧成三层复合结构的陶罐。罐的口径及底径均为 20 厘米，罐径及高皆为 35 厘米，壁厚 0.8～1.0 厘米，容水量约 20 千克。应用时将陶罐埋于核桃树根系集中分布区，两罐之间相距 2 米。罐口略低于地平面，注水后用塑膜封口。一般情况下，每年 4 月上旬、5 月上旬、5 月末～6 月初及 7 月末～8 月初各灌水 1 次，共 4 次。此方法可改良土壤的理化性状，有利于核桃树生长结果。在水中加入微量元素（铁、锌等），还能防治缺素症。地下灌溉适合在山地、丘陵及水源紧缺的核桃园推广。

3. 喷灌

整个喷灌系统包括水源、进水管、水泵站、输水管道、竖管和喷头几个部分。应用时可根据土壤质地、湿润程度、风力大小等调节压力、选用喷头及确定喷灌强度，以便达到无渗漏、无径流损失，并且不破坏土壤结构，同时能均匀湿润土壤的目的。喷灌节约用水，用水量是地面灌溉的 1/4，保护土壤结构。调节核桃园小气候，清洁叶面，霜冻时还可减轻冻害，炎夏可降低叶温、气温和土温，防止高温、日灼伤害。

4. 滴灌（图 5-2）

整个滴灌系统包括控制设备（水泵、水表、压力表、过滤器、混肥罐等）、干管、支管、毛管和滴头。具有一定压力的水，从水源经严格过滤后流入干管和支管，水被输送到核桃树行间，而围绕核桃树的毛管与支管连接，毛管上有 4～6 个滴头（滴头流量一般为 2～4 升/小时）。水通过滴头源源不断地滴入土壤，使核桃树根系分布层的土壤一直保持最适宜的湿度状态。滴灌是一种用水经济、省工、省力的灌溉方法，特别适用于缺乏水源的干旱山区及沙地。应用滴灌比喷灌节水 36%～50%，比漫灌节水 80%～92%。由于供水均匀、持久，根系周围环境稳定，十分有利于核桃树的生长发育。但滴头易发生堵塞，更换及维修困难。昼夜不停地使用滴灌时，使土壤水分过饱和，易造成湿害。滴灌时间的确定应根据湿润根系集中分布层的情况进行。滴灌间隔期应以核桃生育进程的需求而定。通常，在不出现萎蔫现象时，无须过频灌水。

图 5-2　滴灌

肥水一体化技术就是通过灌溉系统施肥，核桃树体在吸收水分的同时也可以吸收养分。灌溉同时进行的施肥一般是在压力作用下将肥料溶液注入灌溉输水管道，溶有肥料的水通过注水器注入根区，核桃树根系一边吸水一边吸肥，显著提高肥料的利用率，是现代核桃生产管理的一项重要技术。

三　抗旱保墒方法

土壤的含水量适宜且稳定可以促进各种矿物质的均匀转化和吸收，提高肥效。实行穴施肥水、地膜覆盖，是保持土壤含水量、充分利用水源、提高肥效的有效措施。

在瘠薄干旱的山地核桃园，地膜覆盖与穴贮肥水相结合效果比较好。在树盘根系集中分布区挖深 40～50 厘米、直径为 40 厘米的穴，将优质有机肥约 50 千克与穴土拌和填入穴中。也可填入一个浸过尿液的草把，浇水后盖上地膜，地膜中心戳一个小洞，用石板盖住，追肥灌水可于洞口灌入肥水（30 千克左右），水深入穴中再封严。施肥穴每隔 1～2 年改动一次位置。

覆盖地膜后，大大减少地面水分蒸发消耗，造成一个长期稳定的水分环境，有利于微生物活动和肥料的分解利用，起到以水济肥的作用。

四　排水防涝

核桃园的排水系统由作业区内的排水沟、作业区边缘的排水支沟和排水干沟 3 个部分组成。

(1) 排水沟 排水沟挖在核桃园行间，以把地里的水排到排水支沟中去。排水沟的大小、坡降及沟与沟之间的距离，要根据地下水位的高低、雨季降雨量的大小而定。

(2) 排水支沟 排水支沟位于核桃园作业区的边缘，主要的作用是把排水沟中的水排到排水干沟中去。排水支沟要比排水沟略深，沟的宽度可以根据作业区面积大小而定，作业区面积大的可适当宽些，作业区面积小的可以窄些。

(3) 排水干沟 排水干沟挖在果园边缘，与排水支沟、自然河沟连通，把水排出核桃园。排水干沟比排水支沟要宽些、深些。

有泉水的涝洼地，或者上一层梯田渗水汇集到核桃园而形成的涝洼地，可以在涝洼地的上方开一条截水沟，将水排出核桃园。也可以在涝洼地里面用石头砌一条排水暗沟，使水由地下排出核桃园。对于因树盘低洼而积涝的情况，则结合土壤管理，在整地时加高树盘土壤，使之稍高出地面，以解除树盘低洼积涝。

第六章 核桃整形修剪

第一节 核桃生物学特性

关键知识点：

核桃不同品种之间的生物学特性差异很大，在萌芽抽枝、分枝角度、枝条硬度、结果枝类型、花芽形成难易、坐果率高低等方面都不相同。因此，应根据品种特性采取不同的整形修剪方法，做到因品种修剪。不同品种具有不同的修剪反应，是合理修剪的重要依据，也是评价修剪好坏的重要标准。

一 营养器官的生长特性

1. 根系

核桃属于深根性植物，主根较深，侧根水平伸展较广，须根细长而密集。根系集中分布区为地面以下 20～60 厘米，占根总量的 80% 以上。核桃 1～2 年生实生苗表现为主根生长速度高于地上部。3 年以后，侧根生长加快，数量增多。随树龄增加，水平根扩展加速，营养积累增加，地上枝干生长速度超过根系生长速度。

核桃的根系生长与土壤类型、土层厚度和地下水位有密切关系。土壤条件和环境较好，根系分布广而深。土层薄而干旱或地下水位较高时，根系入土深度和广度均较小。因此，栽培核桃时应选择土层深厚、土质优良、离水源较近的地点，有益于根系发育，从而加快地上部生长，达到早期丰产的目的。

2. 枝条

核桃的枝条分为营养枝、结果枝和雄花枝，这些枝条是形成树冠、开花结果的基础。

1）营养枝：营养枝又称生长枝，是指只着生叶片，不能开花结果的枝。根据来源芽的不同，营养枝可分为发育枝、徒长枝和二次枝。

2）结果枝：着生混合花芽的枝条为结果母枝，由混合花芽萌发出具有雌花并结果的枝条为结果枝。健壮的结果枝顶端可再抽生短枝，多数当年又可形成混合花芽。早实核桃还可当年形成当年萌发，当年开花结果，称为二次花和二次枝果。结果枝上着生混合芽、叶芽（营养芽）、休眠芽和雄花芽，但有时无叶芽和雄花芽。

3）雄花枝：除顶芽为叶芽外，其他各节均着生雄花芽且较为细弱短小的枝条为雄花枝。雄花枝顶芽不易分化为混合花芽。雄花枝量多是树势衰弱和品种不良的表现，消耗营养也很多，修剪时多数应疏除。

3. 叶片

核桃树的叶片为奇数羽状复叶，其数量与树龄、枝条类型有关。复叶的多少、质量对枝条和果实的发育影响较大，双果枝条要有 5 ~ 6 片以上的复叶，才能保证枝条和果实的正常生长和发育。混合花芽或营养芽开裂后数天，可见到着生灰色茸毛的复叶原始体。经过 5 天左右，随着新枝的伸长，复叶逐渐展开。再经过 10 ~ 15 天，复叶大部分展开，并由下向上迅速生长。经过 40 天左右，随着新枝形成和封顶，复叶完全展开。10 月底左右叶片变黄脱落，气温低的地区落叶较早。

二 繁殖器官的发育特性

1. 雌花分化

雌花芽起源于混合花芽内生长点，开始于 4 月初 ~ 4 月中旬，完成于第二年的 3 月末，需要大概 1 年时间。雌花芽分化和发育表现出较明显的外部形态特征变化：4 月下旬，当雌花即将开放时在其花柄附近已形成幼嫩的顶花芽，鳞片呈绿色，3 ~ 5 层，闭合紧密，质软，顶花芽外部形态与叶芽无很大区别。到 5 月中旬，顶花芽开始膨大，鳞片层数增多至 5 ~ 7 层，幼叶形成，并且在幼叶与外部鳞片之间有 2 层茸毛状的鳞片生成。5 月底 ~ 6 月中旬，顶花芽继续增大，呈阔三角形，明显区别于叶芽，鳞片层数为 9 片左右，外部鳞片张开、增厚，质地变得坚硬。6 月下旬，顶花芽大小已没有明显的变化，鳞片层数略有增加，达到 11 片左右，颜色由绿色转为黄绿色，并且半木质化。随着季节的变换，11 月落叶时整个顶花芽变成褐色，鳞片由外到内闭合越来越紧密，外部鳞片木质化，为保护花芽过冬做好准备，并且分化进程处于停滞状态。第二年 3 月初随着温度的回升，树体开始萌动，顶花芽鳞片由褐色变成灰绿色，内部开始形成新的嫩叶，为顶花芽的进一步发育提供充足的营养物质。3 月末，顶花芽较 3 月初已有明显增大，颜色为黄绿色，顶端开绽露出幼叶。4 月上旬温度达到 24℃左右时，外部鳞片开始脱落，嫩绿色的新叶即将展开，待温度进一步升高进行展叶开花，继续下一年的分化发育。

2. 雄花分化

核桃雄花分化是随着当年新梢的生长和叶片展开，于 4 月下旬~5 月上旬在叶腋间形成的。6 月上中旬继续生长，形成小花苞和花被原始体。6 月中旬~第二年 3 月为休眠期。4 月继续发育生长并伸长为柔荑花序，散粉前 10~14 天形成花粉粒。雄花分化一般需要 12 个月。

第二节 核桃的修剪时期及方法

 关键知识点：

核桃冬剪不仅对生长和结果没有不良影响，而且在新梢生长量、坐果率和树体营养等方面的效果，都优于春剪、秋剪。核桃夏剪措施主要有除二次枝、摘心、抹芽，冬季主要修剪大枝，疏除过密枝、病虫枝、遮光枝和背下枝，回缩下垂枝。

一 适宜的修剪时期

核桃的修剪可分为夏剪和冬剪（又称休眠期修剪）。在我国为了避开农忙季节，核桃修剪基本在休眠期进行。发达国家核桃的修剪也主要在冬季休眠期进行。在核桃休眠期进行修剪有伤流现象，这有别于其他果树。长期以来，为了避免伤流损失树体营养，核桃的修剪多在春季萌芽后（春剪）和采收后至落叶前（秋剪）进行。但是，多年的实践经验表明，核桃冬剪不仅对生长和结果没有不良影响，而且在新梢生长量、坐果率和树体营养等方面的效果，都优于春剪、秋剪。在休眠期修剪，主要是水分和少量矿质营养的损失；秋剪则有光合作用和叶片营养尚未回流的损失；春剪有呼吸消耗和新器官形成的损失。相比之下，春剪的营养损失最多，秋剪次之，冬剪损失最少。

1. 夏剪

夏剪是在核桃发芽后，枝叶生长时期所进行的修剪，其措施有除二次枝、摘心、抹芽等。

(1) 除二次枝 除二次枝可避免由于二次枝的旺盛生长而过早郁闭。方法是在二次枝抽生后未木质化之前，将无用的二次枝从基部剪除。剪除对象主要是生长过旺造成树冠出"瓣子"的二次枝。凡在一个结果枝上抽生3个以上的二次枝，可在早期选留1~2个健壮枝，其余全部疏除。

(2) 摘心 在夏季，对于选留的二次枝，如果生长过旺，为了促进其木质化，控制其向外延伸，可进行摘心。

(3) 抹芽 核桃萌芽至新梢生长前，可去除瘦弱、病虫、萌蘖及过密枝芽，以达到节约养分、改善光照、提高枝芽质量的目的。

2. 冬剪

冬剪主要包括修剪大枝，疏除过密枝、病虫枝、遮光枝和背下枝，回缩下垂枝，宜在萌芽前修剪完毕。

(1) 疏除过密枝 早实核桃枝量大，易造成树冠内膛枝多、密度过大，不利于通风透光。对此，应按照"去强留弱"的原则，及时疏除过密的枝条。其具体的方法是：紧贴枝条基部剪除，切不可留橛，以利于伤口愈合。

(2) 处理好背下枝节 背下枝多着生在母枝先端背下，春季萌发早，生长旺盛，竞争力强，容易使原枝头变弱，而形成"倒拉"现象，甚至造成原枝头枯死。其处理方法是：在萌芽后或枝条伸长初期剪除。如果原母枝变弱或分枝角度过小，可利用背下枝或斜上枝代替原枝头，将原枝头剪除或培养成结果枝组。如果背下枝生长势中等，并已形成混合芽，则可保留其结果。如果背下枝生长健壮，结果后可在适当分枝处回缩，培养成小型结果枝组。

(3) 增加枝量，培养结果枝组 用短截方法增加枝量；用缓放方法在主侧枝的两侧，培养健壮的大中型结果枝组。短截枝条时，留下的枝段要短，以防止枝条发生光秃段；对于老结果枝要及时回缩；利用休眠芽抽生的枝条，更新树冠。

二 整形修剪的主要方法

1. 短截与回缩

短截即剪去枝梢的一部分，回缩是指在多年生枝上短截。两种修剪方法的作用都是促进局部生长和多分枝。修剪的轻重程度不同，产生的效果不同。为提高其角度，一般可回缩到多年生枝有分叉的部位分枝处。

短截1年生枝条时，其剪口芽的选留及剪口的正确剪法，应根据该芽发枝的位置而定。

2. 疏枝与缓放

从基部剪除枝条的方法称疏枝，又叫疏除。核桃树的枝条过于稠密时应进行疏枝，以改善通风透光条件，促进花芽形成。它与短截有完全不同的作用。

缓放也是修剪的一种手法，即抛放不剪截，任枝上的芽自由萌发。这样既可以缓和生长势，还有利于腋花结果。

枝条缓放成花芽后，即可回缩修剪，这种修剪法常在幼树和旺树上采用。凡有空间需要多发枝时，应采取短截的修剪方法；枝条过于密集时，要进行疏除；而长势过旺的枝，宜缓放。只有合理修剪，才能使核桃树生长、结果两不误，以达到早丰、稳产、优质的要求。

> **禁忌** 疏枝一定要从枝条基部剪除，要剪除彻底，不留一点橛子，以防徒发旺枝。

3. 摘心与截梢

摘心是摘去新梢顶端幼嫩的生长点，截梢是剪截较长一段梢的尖端。摘心和截梢不仅可以抑制枝梢生长，节约养分以供开花和坐果之需，避免无谓的浪费，提高坐果率，更可在其他果枝上促进花芽形成和开花结果。摘心还可促进根系生长，促进侧芽萌发分枝和二次枝生长。此种方法在快速成形方面可加快枝组形成，提高分枝级数，从而提高结果能力。

4. 抹芽和疏梢

用手抹除或用剪刀削去嫩芽，称为抹芽或除芽。疏梢是新梢开始迅速生长时，疏除过密新梢。这两种修剪措施的作用是节约养分，以促进所留新梢的生长，使其生长充实；除去侧芽、侧枝，改善光照条件，有利于枝梢充实及花芽分化和果实品质的提高。尽早除去无益芽、梢，可减少后来去大枝所造成的大伤口及养分的大量浪费。

5. 拉枝与开角

拉枝是将角度小的主要骨干枝拉开，以开张枝条角度。此法对旺枝有缓势的效应。拉枝适于在春季树液开始流动时进行，将树枝用绳或铁丝等牵引物拉下，靠近枝的部分应垫上橡皮或布料等软物，防止伤及皮部。

第三节　核桃树形及其整形技术

关键知识点：

主干分层形有明显的中心干，干高 0.8～1.2 米；平原地核桃树干高 1.2～1.5 米，主枝 5～7 个，分为 2～3 层。主干形干高 0.8～1.2 米，树高 3.0～3.5 米，中心干直立，9～12 个主枝螺旋状着生于中心干上。

一　主干分层形

1. 树形特点

有明显的中心干，干高 0.8～1.2 米，平原地核桃树干高可达 1.2～1.5 米。中心干上着生主枝 5～7 个，分为 2～3 层。第一层有 3 大主枝，层内距为 20～40 厘米（主枝要邻近，不要邻接，防止"掐脖"），主枝基角为 70°，每个主枝上有 3～4 个一级侧枝。第二层有 2 大主枝，第三层有 1 个主枝。第 1～2 层主枝相距 80～120 厘米，树高 5～6 米。此树形适于稀植大冠晚实品种和果粮间作栽培方式。成形后，树冠为半圆形，枝条多，结果面积大，通风透光良好，产量高，寿命长。缺点是结果稍晚，前期产量低。

2. 树形的培养（图6-1）

定干　　第一年　　　　　第二年　　　　　　　　第三年

图6-1　主干分层形整形过程

　　（1）**定干的选留方法**　定干当年或第二年，在主干定干高度以上，选留3个不同方位、水平夹角约120°、生长健壮的枝或已萌发的壮芽培养为第一层主枝，层内距大于20厘米。1~2年完成第一层主枝的选定。如果选留的最上一个主干与主干延长枝顶部接近或第一层主枝的层内距过小，都容易削弱中央领导干的生长，甚至出现"掐脖"现象，影响主干的形成。当第一层预选为主枝的枝或芽确定后，只保留中央领导干延长枝的顶枝或芽，其余枝、芽全部剪除或抹掉。

　　（2）**第一、二层主枝的选留方法**　第一、二层的层间距为：早实核桃60~80厘米；晚实核桃80~100厘米。在第一、二层间距以上已有壮枝时，可选留第二层主枝，一般为1~2个。同时，可在第一层主枝上选留侧枝，第一个侧枝距主枝基部的长度为40~60厘米。选留主枝两侧向斜上方生长的枝条1~2个作为一级侧枝，各主枝间的侧枝方向要互相错落，避免交叉、重叠。

　　（3）**各层侧枝的选留方法**　继续培养第一层主侧枝和选留第二层主枝上的侧枝。由于第二层与第三层之间的层间距要求大一些，可延迟选留第三层主枝。如果只留两层主枝，第二层主枝为2~3个，两层的层间距为：早实核桃1.5米左右，晚实核桃2.0米左右，并在第二层主枝上方的适当部位落头开心。

（4）**继续培养各层主枝上的各级侧枝** 7~8年生晚实核桃和早实核桃幼树，开始选留第三层主枝1~2个，第二层与第三层的层间距为：早实核桃1.5米左右，晚实核桃2.0米左右，并从最上一个主枝的上方落头开心。至此，主干分层形树冠骨架基本形成。

二 自然开心形

1. 树形特点

干高0.8~1.2米，平原地区核桃树干高可达1.2~1.5米。无明显的中心主干，不分层次，一般都有2~4个主枝。树形成形快，结果早，整形容易，便于掌握，适于土层较薄、土质较差、肥水条件不良的地区及树形开张、干性较弱和密植栽培的早实品种。自然开心形不分层次，可留2~4个主枝，每个主枝选留斜生侧枝2~3个（图6-2）。

定干　第一年　　　　第二年　　　　　　第三年

图6-2　自然开心形整形过程

2. 树形的培养

1）在定干高度以下留出3~4个芽的整形带。在整形带内，按不同方位选留2~4个枝条或已萌发的壮芽作为主枝。各主枝基部的垂直距离无严格要求，一般为20~40厘米。主枝可经1~2次选留。选留各主枝的水平距离应一致或相近，并保持每个主枝的长势均衡。

2）各主枝选定后，开始选留一级侧枝，由于自然开心形树形主枝少，侧枝应适当多留，即每个主枝应留侧枝3~4个。各主枝上的侧枝要上下错落，均匀分布。第一侧枝距主枝的距离为：早实核桃0.5~0.7米；晚实核桃0.8~1.0米。

3）5年生早实核桃，开始在第一主枝一级侧枝上选留二级侧枝1~2个，第二主枝的一级侧枝2~3个。第二主枝上的侧枝与第一主枝上的侧枝的间距为0.8~1.0米。至此，自然开心形的树冠骨架基本形成。

三 主干形

1. 树形特点

干高0.8~1.2米，树高3.0~3.5米，中心干直立，9~12个主枝螺旋状着生于中心干上；主枝茎角度为90°，梢角大于90°，相邻主枝之间的距离大于20厘米；主干与中心干粗度比小于0.4，保持中心干的优势；主枝单轴延伸，其上直接着生结果枝组，以短果枝和小型结果枝组为主。该树形树体紧凑，早丰产，易管理（图6-3）。

2. 树形的培养

1）核桃苗定植后，芽萌动时进行定干（图6-4），剪口离第一个芽的距离为2厘米左右，剪口涂抹聚乙烯醇胶。抹除剪口下第二个芽及干高以下的芽，剪口至干高保留3~5个芽。当侧生新梢长到60厘米左右时，拉枝开角至水平状态，控制其伸长生长，促使中心干延长梢生长。

图6-3 主干形树形

图6-4 定植当年重短截

> **提示** 生长太弱的苗当年不定干，嫁接部位以上保留3个芽重短截，培养1年后再定干。

2）定干第二年，树体萌芽时，重剪中心干延长枝，抹除剪口下第二个芽，其他侧生枝重短截，疏除间距小于15厘米的侧生枝。当中心干上的侧生新梢长至80厘米左右时（7月中旬），拉枝开角至水平状态（图6-5）。

图6-5　主干形树形

3）第三年芽萌动前，对中心干延长枝轻剪，每隔15～20厘米进行刻芽。中心干上第二年的侧生枝极重短截，并疏除间距小于15厘米的侧生枝，7月新梢长至80厘米左右时，拉枝开角至水平状态。

4）第四年的管理内容主要是控树高，控背上枝，控侧生枝。在树体上部有分枝处落头开心，保留主枝10～15个；对主枝背上萌发的新梢及延长枝上的新梢，根据空间大小，或早疏除或及早回缩控制，保持主枝单轴延伸。

第四节　不同年龄树的修剪

🕐 关键知识点：

幼树的修剪主要是调节主侧枝的分布，使各个枝条有充分的生长发育空间，促进树冠形成。成年树的修剪主要进行主侧枝的培养，培养结果枝组，扩大结果部位。盛果期树的修剪以"保果增产，延长盛果期"为主，对冠内外密生的细弱枝、干枯枝、重叠枝、下垂枝、病虫枝要从基部剪除，对过密大枝要逐年疏除或回缩，及时处理背下枝与下垂枝。衰老树的修剪应以有计划地重剪更新为主，以恢复树势，延长结果年限；着重对多年生枝进行回缩修剪，在回缩处选留一个辅养枝，促进伤口愈合和隐芽萌发，使其成为强壮新枝，复壮树势。

一 幼树的整形和修剪

核桃幼树修剪的主要目的是培养适宜的树形，调节主侧枝的分布，使各个枝条有充分的生长发育空间，促进树冠形成，为早果、丰产、稳产打下良好的基础。幼树修剪的主要任务包括定干和主侧枝的培养等。修剪的关键是做好发育枝、徒长枝和二次枝等的处理工作。

1. 幼树的整形

核桃树干性强，芽的顶端优势特别明显，顶芽发育比侧芽充实肥大，树冠层明显，可以采用主干分层形、自然开心形和主干形，树形可根据品种、地形和栽植密度来确定。

(1) 定干 树干的高低应该根据品种、地形、栽培管理方法和间作与否来确定。晚实核桃树结果晚、树体高大，主干应留得高一些，可定为1.5~2.0米。如果株行距较大，长期进行间作，为了便于作业，干高可留在2.0米以上；如考虑到果材兼用，提高干材的利用率，干高可达3.0米以上。早实核桃由于结果早、树体较小，干高可留得矮一些。拟进行短期间作的核桃园，干高可留1.2~1.5米；早期密植丰产园，干高可定为0.8~1.2米。

(2) 树形的培养 核桃树可以采用主干分层形、自然开心形和主干形，树形可根据品种、地形和栽植密度来确定。具体的整形方法请参照本章第三节的内容。

2. 幼树的修剪

幼树的修剪是在整形的基础上，继续培养和维持良好的树形，这是保持丰产的重要措施。对3~4年以前生的幼树，原则上多留枝少短截，只对影响中央干生长的竞争枝进行剪除。当苗干达到一定高度时，可按树形要求进行修剪，促使在一定的部位分生主枝，形成丰产树形。在幼树时期，应及时控制背下枝、过密枝和徒长枝，增强主枝。对幼树的非骨干枝、强枝和徒长枝要及时疏除，以防与主枝竞争。

(1) 主枝和中央领导干的处理 主枝和侧枝延长头，为防止出现光秃带和促进树冠扩大，可每年适当截留60~80厘米，剪口芽可留背上芽或侧芽。中央领导干应根据整形的需要每年短截，剪口留在饱满芽的上方，这样可以刺激中央领导干第二年萌发，使其保持领导干地位。

（2）**处理好背下枝** 核桃背下枝春季萌发早，生长旺盛，竞争力强，容易使原枝头变弱而形成"倒拉"现象，若不加以控制，会影响枝头的发育，甚至造成原枝头枯死，导致树形紊乱。背下枝的处理方法可根据具体情况而定。如果原母枝变弱或分枝角度较小，可利用背下枝或斜上枝代替原枝头，将原枝头剪除或培养成结果枝组；如果背下枝生长势中等，则可保留其结果；如果背下枝生长健壮，结果后可在适当分枝处回缩，将其培养成小型结果枝；如果背下枝已经影响上部枝条的生长，应疏除或回缩背下枝，抬高枝头，促进上部枝的发育。

（3）**疏除过密枝** 早实核桃分枝早、枝量大，容易造成树冠内部的枝条密度过大，不利于通风透光。因此，对于树冠内的各类枝条，修剪时应去强去弱留中庸枝。疏枝时，应紧贴枝条基部剪除，切不可留橛，以防止抽生徒长枝，并利于剪口愈合。

（4）**徒长枝的利用** 早实核桃结果早、果枝率高、坐果率高，这样会造成养分的过度消耗，枝条容易干枯，从而刺激基部的隐芽萌发而形成徒长枝。早实核桃徒长枝的突出特点是第二年都能抽枝结果，果枝率高。这些结果枝的长势，由顶部至基部逐渐变弱，中、下部的小枝结果后第三年多数干枯死亡，出现光秃带，造成结果部位外移，容易造成枝条下垂。为了克服这种弊病，利用徒长枝粗壮、结果早的特点，通过短截或夏季摘心等方法，将其培养成结果枝组，以充实树冠空间，更新衰弱的结果枝组。但是在枝量大的部位如果不及时控制，会扰乱树形，影响通风透光。这时应该从基部疏除。

（5）**控制和利用二次枝** 早实核桃具有分枝能力强，易抽生二次枝等特点。分枝能力强是早果、丰产的基础，对提高产量非常有利。但是早实核桃二次枝抽生晚，生长旺，组织不充实，在北方冬季易发生失水、抽条现象，导致母枝内膛光秃，结果部位外移。因此，如何控制和利用二次枝是一项非常重要的内容。对二次枝的处理方法有如下几种：第一种，若二次枝生长过旺，对其余枝生长构成威胁时，可在其未木质化之前，从基部剪除；第二种，凡在一个结果枝上抽生3个以上的二次枝，可选留早期的1~2个健壮枝，其余全部疏除；第三种，在夏季，对选留的二次枝，若生长过旺，可进行摘心，以促其尽早木质化，并控制其向外伸展；第四种，如果一个结果枝只抽生一个二次枝，并且长势较强，可于春季或夏季对其实行短截，以促发分枝，并培养成结果枝组。春、夏季短截效果不同，夏季短截的分枝数量多，春季短截的发枝粗壮，短截强度以中、轻度为宜。

(6) 短截发育枝 晚实核桃分枝能力差，枝条较少，常用短截发育枝的方法增加枝量。早实核桃通过短截，可有效增加枝条数量，加快整形过程。短截对象是从一级和二级侧枝上抽生的生长旺盛的发育枝，作用是促进新梢生长，增加分枝，但短截数量不宜过多，一般占总枝量的 1/3 左右，并使短截的枝条在树冠内部均匀分布。短截根据程度一般可分为轻短截（剪去枝条的 1/3 左右）、中短截（剪去枝条的 1/2 左右）和重短截（剪去枝条的 2/3 以上），一般不采用重短截。剪截长为枝长的 1/4 ~ 1/2，短截后一般可萌发 3 个左右较长的枝条。通过短截，改变了剪口芽的顶端优势，剪口部位新梢生长旺盛，能促进分枝，提高成枝力。对核桃树上中等长枝或弱枝不宜短截，否则刺激下部发出细弱短枝，组织不充实，冬季易发生日烧而干枯，影响树势。

二 成年树的修剪

核桃树刚进入成年期，树形已基本形成，产量逐年增加，其主要修剪任务是：继续进行主侧枝的培养，充分利用辅养枝早期结果，积极培养结果枝组，尽量扩大结果部位，为初果期向盛果期的转变做好准备。

1. 初果期树的修剪

结果初期是指从开始结果到大量结果前的一段时间。早实核桃 2 ~ 4 年进入结果初期，晚实核桃 5 ~ 6 年进入结果初期。初果期树的修剪目的是继续培养好各级主干枝，充分利用辅养枝早期结果，调节各级主侧枝的主从关系，平衡树势，积极培养结果枝组，增加结果部位。修剪时应去强留弱，或者先放后缩，放缩结合，防止结果部位外移。对已影响主侧枝的辅养枝，可以以缩代疏或逐渐疏除，给主侧枝让路。对徒长枝，可采用留、疏、改相结合的方法加以处理。对早实核桃二次枝，可用摘心和短截的方法促其形成结果枝组，对过密的二次枝则去弱留强。同时应注意疏除干枯枝、病虫枝、过密枝、重叠枝和细弱枝。

(1) 控制二次枝 二次枝抽生晚，生长旺，组织不充实，二次枝过多时，消耗养分多，不利于结果。控制的方法与幼树二次枝的修剪方法基本相同。

（2）利用徒长枝及旺盛营养枝 早生核桃由于结果早，果枝率高，消耗养分多而无法抽生新枝，但基部易萌发徒长枝，这种徒长枝的特点是第二年也能抽生 7～15 个结果枝，要充分利用。但抽生的结果枝由顶部至基部生长势逐渐减弱，并且枝逐渐变短，第三年中、下部的小果枝多干枯脱落，出现光秃带，致使结果部位外移。为此，对徒长枝可采取抑前促后的办法，即春季发芽后短截或春季摘心，即可培养成结果枝组以便得到充分利用。对直径为 3 厘米左右的旺盛营养枝，于发芽前后拉成水平状，可增加果枝量。

（3）短截发育枝 对较旺的发育枝进行短截，促进多分枝。但短截数量不宜过多，一般每棵树短截枝的数量占总枝量的 1/3 左右。短截可根据枝条的发育状况而定。长枝中短截，截去 1/2；较短枝轻短截，截去 1/3；一般不采用重短截。

（4）培养结果枝组 结果初期应该加强结果枝组的培养，扩大结果部位。培养结果枝组的原则是大、中、小配备适当，分布均匀。除了对骨干枝上的大中型辅养枝短截一部分外，对部分直立旺长的枝采取拉平缓放、夏季摘心等方法，促生分枝，形成结果枝组。对树冠内的健壮发育枝，可去直立留平斜，先放后缩培养成中小型结果枝组，达到尽快扩大结果部位，提高产量的目的。

2. 盛果期树的修剪

核桃树进入结果盛期，树冠仍在继续扩大，结果部位不断增加，容易出现生长与结果之间的矛盾，有些还会出现郁闭和"大小年"的现象，这一时期保障核桃高产稳产是修剪的主要任务。此时修剪以"保果增产，延长盛果期"为主。对冠内外密生的细弱枝、干枯枝、重叠枝、下垂枝、病虫枝要从基部剪除，改善通风和光照条件，促生健壮的结果母枝和发育枝。对内膛抽生的健壮枝条应适当控制保留，以利于内膛结果。对于过密大枝，要逐年疏除或回缩，剪时将伤口削平，以促进良好愈合。因此在修剪上应注意培养良好的结果枝组，利用好辅养枝和徒长枝，及时处理背下枝与下垂枝。

（1）调整骨干枝和外围枝 核桃树进入盛果期后，由于树体结构已经基本形成，树冠扩大明显减缓，开始大量结果，大中型骨干枝常出现密集和前部下垂现象。尤其是晚实核桃，由于腋花芽结果较少，结果部位主要在枝条先端，随着结果量的逐渐增多，特别是在丰产年份，大中型骨干枝常出现下垂现象，外围枝伸展过长，下垂得更严重。因此，此期对骨干枝和外围枝的修剪要点是：及时回缩过弱的骨干枝，回缩部位可在向斜上生长侧枝的前部。按去弱留强的原则疏除过密的外围枝，对有可利用空间的外围枝，可适当短截，从而改善树冠的通风透光条件，促进保留枝芽的健康生长。

（2）结果枝组的培养与更新　加强结果枝组的培养，扩大结果部位，防止结果部位外移是保证盛果期核桃园丰产稳产的重要措施，特别是晚实核桃，结果枝组的培养尤为重要。

培养结果枝组的原则是大、中、小配置适当，均匀地分布在各级主侧枝上，在树冠内的总体分布是里大外小，下多上少，使内部不空，外部不密，通透良好，枝组间保持 0.6～1.0 米的距离。

1）培养结果枝组的途径：

① 对着生在骨干枝上的大中型辅养枝，经回缩改造成大中型结果枝组。

② 对树冠内的健壮发育枝，采用去直立留平斜、先放后缩的方法培养成中小型结果枝组。

③ 对部分留用的徒长枝，应首先开张角度，控制旺长，配合夏季摘心和短截，促生分枝，形成结果枝组。

2）结果枝组的更新方法：结果枝组经多年结果后会逐渐衰弱，应及时更新复壮。其方法有：

① 对 2～3 年生的小型结果枝组，可视树冠内的可利用空间情况，按去弱留强的原则，疏除一些弱小或结果不良的枝条。

② 对于中型结果枝组，可及时回缩更新，使其内部交替结果，同时控制枝组内旺枝。

③ 对大型结果枝组，应注意控制其高度和长度，以防"树上长树"，如属于已无延长能力或下部枝条过弱的大型枝组，则应进行回缩修剪，以保证其下部中小型枝组正常生长结果。

（3）辅养枝的利用与修剪　辅养枝是指着生于骨干枝上，不属于所留分枝级次的辅助性枝条。这些枝条多数是在幼树期为加大叶面积，为充分占有空间，提早结果而保留下来的，属临时性枝条。对其修剪的要点为：当与骨干枝不发生矛盾时可保留不动，如果影响主侧枝的生长，就应及时去除或回缩。辅养枝应小且短于邻近的主侧枝，当其过旺时，应去强留弱或回缩到弱分枝处。对长势中等、分枝良好，又有可利用空间者，可剪去枝头，将其改造成结果枝组。

（4）徒长枝的利用和修剪　成年树随着树龄和结果量的增加，外围枝长势变弱，加之修剪和病虫害等原因，易造成内膛骨干枝上的潜伏芽萌发，形成徒长枝，早实核桃更易发生。处理方法可视树势及内膛枝条的分布情况而定。如果内膛枝条较多，结果枝组又生长正常，可从基部疏除徒长枝；如果内膛有空间，或者其附近结果枝组已衰弱，则可利用徒长枝培养成结果枝组，促成结果枝组及时更新。尤其在盛果末期，树势逐渐衰弱，产量开始下降，枯枝增多，更应注意对徒长枝的选留与利用。

（5）背下枝的处理　核桃树倾斜着生的骨干枝的背下枝，其生长势多强于原骨干枝，形成"倒流水"现象，这是核桃树区别于其他果树的特点之一，也称之为核桃树的背下优势。如果不及时处理核桃树的背下枝，往往造成"主""仆"关系颠倒，严重的造成原枝头枯死。对背下枝的修剪方法是：

1）对骨干枝抽生的背下枝，要及时疏除，而且越早越好，以防影响骨干枝的生长。

2）如果背下枝生长势强于原枝头，方向和角度又合适，可用背下枝取代原枝头；如果背下枝角度过大，方向不理想，可疏除背下枝，保留原枝头。

3）如果背下枝与原枝头长势相差不大，应及早疏除背下枝，保留原枝头。

4）背下枝较弱的，可先放后回缩，培养成结果枝组。

5）原枝头已经变弱，则可用背下枝换头，将原枝头剪除；如果有空间，也可把原枝头培养成结果枝组。但必须注意抬高背下枝头的角度，以防下垂。

（6）清理无用枝条　应及时把长度在6厘米以下，粗度不足0.8厘米的细弱枝条疏除。原因是这类枝条的坐果率极低。内膛过密、重叠、交叉、病虫枝和干枯枝等也应剪除，以减少不必要的养分消耗和改善树冠内部的通风透光条件。

此外，对早实核桃的二次枝的处理方法基本上同幼龄阶段，只是要特别强调防止结果部位的迅速外移，对外围生长旺的二次枝应及时短截或疏除。

三 衰老树的修剪

核桃树寿命长，在良好的环境和栽培管理条件下，生长结果可达上百年甚至数百年。在管理粗放的条件下，早实核桃经40～60年、晚实核桃经80～100年就进入衰老期。当核桃树的长势衰退时，应有计划地重剪更新，以恢复树势，延长结果年限。着重对多年生枝进行回缩修剪，在回缩处选留一个辅养枝，促进伤口愈合和隐芽萌芽，使其成为强壮新枝，复壮树势。对过于衰弱的老树，可逐年进行对多年生骨干枝的更新，利用隐芽萌发强壮的徒长枝，重新形成树冠，使树体生长健旺。修剪的同时，与施肥、浇水、防治病虫害等管理结合起来，效果就更好

1. 主干更新

主干更新又叫大更新，即将主枝全部锯掉，使其重新发枝并形成主枝。这种更新修剪量大，树势恢复慢，对产量影响也大，是在不得已的情况下进行的挽救措施。具体做法有以下两种：

一种是对主干过高的植株，可从主干的适当部位，将树冠全部锯掉，使锯口下的潜伏芽萌发新枝。核桃树潜伏芽的寿命较长，数量较多，回缩后，潜伏芽容易萌发成枝，然后从新枝中选留位置适宜、生长健壮的2～4个枝，培养成主枝。

另一种是对主干高度适宜的自然开心形植株，可在每个主枝的基部将其锯掉。如系主干形植株，可先从第一层主枝的上部锯掉树冠，再从各主枝的基部锯掉，使主枝基部的潜伏芽萌芽发枝。

2. 主枝更新

主枝更新也叫中度更新，即在主枝的适当部位进行回缩，使其形成新的侧枝。具体做法：选择健壮的主枝，保留50～100厘米长，将其余部分锯掉，使其在主枝锯口附近发枝。发枝后，在每个主枝上选留位置适宜的2～3个健壮的枝条，将其培养成一级侧枝。

3. 枝组更新

对衰弱明显的大中型结果枝组进行重回缩，短截到健壮分枝处，促其

发生新枝；小型枝组去弱留壮、去老留新；树冠内出现的健壮枝和徒长枝，尽量保留并培养成各类枝组，以代替老枝组。另外应疏去多余的雄花序，以节约养分，增强树势。

4. 侧枝更新

侧枝更新也叫小更新，即将一级侧枝在适当的部位进行回缩，使之形成新的二级侧枝。这种更新方法的优点主要是新树冠形成和产量增加均较快。具体做法：在计划保留的每个主枝上，选择2～3个位置适宜的侧枝，在每个侧枝中下部长有强旺分枝的前端或上部剪截。对枯梢枝要重剪，促其从下部或基部发枝，以代替原枝头。疏除所有的枯枝、病枝、单轴延长枝和下垂枝。

对更新的核桃树，必须加强土、肥、水和病虫害防治等综合管理，以防止当年发不出新枝，造成更新失败。

四 放任树的修剪

核桃放任树是指管理粗放、很少修剪的树。目前，我国放任生长的核桃树仍占相当大的比例。这类树的特点：枝干直立生长，侧生分枝少，枝条分布不合理，多交叉重叠，并且长势弱，层次不清，枝条紊乱，从属关系不明；主枝多轮生、叠生、并生，"掐脖"现象严重；内膛郁闭，由于主枝延伸过长，先端密挤，基部秃裸，造成树冠郁闭，通风透光不良，内膛空虚，结果部位外移；结果枝细弱，落果严重，坐果率一般只有20%，并且品质差；衰老树外围"焦梢"，结果能力低，甚至不能形成花芽；从大枝的中下部萌生大量徒长枝，形成自然更新，重新构成树冠。一部分幼旺树可通过高接换优的方法加以改造。对大部分进入盛果期的核桃大树，在加强地下管理的同时可进行修剪改造，以迅速提高核桃的产量、品质。

1. 树形改造

根据核桃树的生长特点，一般可改造为主干分层形、自然开心形或主干形等，要灵活掌握，因树造型，以达到尽早结果的目的。如果中心领导干明显，可改造成主干分层形或主干形；如果中心领导干已很衰弱或无中心领导干的，可改造成自然开心形。

2. 因树修剪

衰老树修剪时，首先疏除多年生密挤大枝，去弱留壮；其次，疏除所有干枯病虫枝，回缩下垂枝，收缩树冠，充分利用旺枝、壮枝，更新复壮树势。旺树修剪时，首先应注意对全树的统一安排，除去无效枝，达到通风透光。调整配备好骨干枝，使枝条营养集中，健壮充实，提前形成混合芽。其次要保护内膛斜生枝和外围已形成混合芽的枝条。采用一放、二放（待分枝后，回缩到分枝处）、三回缩的方法，促使形成结果枝组。

3. 大枝的选留

大枝过多是一般放任树的主要矛盾，应首先解决主要矛盾，因树造型，按主干分层形或自然开心形的标准选留5~7个主枝，第一层要根据生长方向，选3~4个主枝，重点疏除密挤的重叠枝、并生枝、交叉枝和病虫危害枝。为避免一次疏除大枝过多，可以对一部分交叉重叠的大枝先行回缩，分年处理。

有些生长直立、主从不分、主枝过多的品种（如香玲和鲁果2号等）由于每年趋向于极性生长，下部枝条大量枯死，各级延长头过强过旺形成抱握生长态势，较难处理。对这种树，除疏多余大枝，消除竞争外，对各级主枝延长头的处理分级次处理，要分年度，不可过重，以免内膛太空或内膛枝徒长，并要结合夏季修剪，去除剪口和锯口部位萌发的直立枝条，以促进下部枝条复壮，均衡营养，逐步复壮。

还有些品种，中干明显，主枝级次较乱，树冠开张（如鲁果3号和扎343等），由于体现了中干优势，易形成上强下弱，下部主枝衰弱甚至枯死，内膛郁闭，造成大量结果枝枯死，结果部位外移，主枝顶端因结果而下垂衰弱，背上枝形成重叠，严重影响负载量。对于这类树的修剪，应视情况落头，对中型枝组要根据生长空间选留一定数量的侧枝，多余的要进行疏除、回缩，对于各级主枝要疏除下垂衰弱枝组，选健壮枝组留头，背上着生的大枝组和1年生直立枝条要疏除，使逐步恢复生长势。对于结果枝组要选留生长健壮、着生位置好的枝条，疏除衰弱枝以培养稳定健壮的结果枝组。

4. 外围枝条的调整

对于冗长细弱的下垂枝，必须适时回缩，抬高角度，衰老树的外围枝大部分是中短果枝和雄花枝，应适当回缩，用粗壮的枝带头。

5. 结果枝组的培养和更新

选侧斜生枝及无二次生长的粗壮枝，多采用先放后缩或先缩后放的方法，培养结果枝组。处理好过密枝、瘦弱枝、背下枝、背上直立枝，使整个枝组形成大、中、小配备，粗壮、短而结果紧凑的枝组。结果枝组的更新复壮，一般采用压前促后，缩短枝量，增加分枝级数，本着去弱留壮疏除干枯枝，减少消耗，集中营养，促使更新复壮，保持健壮结果枝组。

以上修剪量应根据立地条件、树龄、树势、枝量的多少灵活掌握，各大、中、小枝的处理也必须全盘考虑，做到因树修剪，随枝做形。另外，应与加强土肥水管理结合，否则，难以收到良好的效果。

第五节 早实和晚实核桃修剪的特点

关键知识点：

> 晚实核桃分枝能力差，枝条较少，常用短截发育枝的方法增加枝量。早实核桃萌芽力、成枝力强，极易造成树形紊乱，修剪时应采用先放后短截和多放少短截的方法。

一 早实核桃修剪的特点

早实核桃嫁接当年或第二年基本都能开花，比晚实核桃提早结果 3 ~ 5 年。早实核桃的花枝率极高。早实核桃的萌芽力、成枝力都较晚实核桃品种强，若不及时合理修剪，极易造成树形紊乱，结果部位外移，既影响产量，又影响核桃质量。

鉴于早实核桃的生长发育特性，拟在幼树阶段培养良好的树形和牢固的骨架，就需用修剪手段来调整扩大树冠与结果的关系，达到既丰产又稳产的目的。所以在幼树阶段应本着以养树为主，在保证不断扩展树冠的前提下逐年增加产量。其整形修剪措施如下：

1. 抹芽

为了集中养分，促进当年长高，定植当年对幼树进行抹芽，即保留顶部的健壮芽，其余抹掉。

2. 定干

矮化密植园一般定干高度在 0.8 米左右，立地条件好的可在 1.0 ~ 1.2 米。乔化稀植园一般定干高度在 1.2 ~ 1.5 米。以自然开心形为主，保留

2~3个主枝，在短截定干时，按不同方位选3~4个健壮的芽，其余的芽抹掉，一般在萌芽后进行。

3. 背下枝的修剪处理

核桃树背下枝是指从主侧枝和各级分枝的背下芽抽生的一种竞争力很强的枝条，这种枝常易徒长、下垂，如不及时修剪处理，极易使主侧枝角度加大，产生"倒拉"现象，2~3年便使上部枝条生长减弱或枯死，是造成树形紊乱的特殊枝。在树冠下部，主侧枝背下抽生的竞争枝一律从基部剪除，以保持正常树形。在树冠中上部，主侧枝抽生的背下枝为了开张主侧枝的角度可以短截或保留。

4. 二次枝的修剪处理

由于早实核桃具有抽生二次枝的特性，修剪时也应重视。二次枝抽生得晚，生长快，枝条往往不充实，寒冷地区易出现抽条现象。直立过旺的二次枝，长到30~50厘米时应摘心或短截（1/3~1/2），促进分枝，增加结果部位。对内膛抽生的二次枝，有生长空间的短截1/3以上，无生长空间的从根部剪除。

5. 徒长枝的修剪

潜伏芽受到刺激后萌发徒长枝，早实核桃萌发的徒长枝第2年均能大量结果，是更新结果枝组的极好枝条，根据树形和生长空间来调整，疏除、短截或长放徒长枝。早实核桃连续结果2年后（特别是肥水条件差的地方），结果母枝很易衰老，甚至死亡，因此对2~3年连续结果的母枝，要及早回缩到基部潜伏芽处，这样可促使抽生较长的徒长枝，当年可形成混合芽，再经轻度短截后，又可发生3~4个结果母枝，形成新的结果枝组。

6. 疏除细弱无效枝

早实核桃侧生枝结果率高，为节约营养，应及时把长度在6厘米以下，粗度不足0.8厘米的细弱枝疏掉，剪除内膛过密、重叠、交叉、干枯、病虫枝，减少弱芽弱枝的营养消耗。

7. 早实核桃的极度更新

对严重衰老树，除积极培肥地力外，要采取极度更新的办法，选择有生命力的地方一次性剪截至主侧枝的基部，促其重发新枝，达到早期更新，恢复树势。

二 晚实核桃修剪的特点

晚实核桃结果晚，一般 6~8 年开始结果，树体高大，定干可高些，为 1.5~3.0 米。山地或园片式栽培为 1.5~2.0 米，若为了提高干材利用率，干高可定为 3.0 米左右。晚实核桃分枝能力差，枝条较少，常用短截发育枝的方法增加枝量。

1. 幼树

充分利用顶端优势，采用高截、低留的定干整形法，即达到定干高度时剪截，低时留下顶芽，待达到高度时采用破顶芽或短截手法，促使幼树多发枝，加快分枝级数，扩大营养面积。在 5~6 年内选留出各级主侧枝，尽快形成骨架，为丰产打下坚实的基础，达到早成形、早结果的目的。

2. 初果期树

初果期树体结构初步形成，应保持树势平衡，疏除并改造直立向上的徒长枝，疏剪外围的密挤枝及节间长的无效枝，保留充足的有效枝量（粗、短、壮），控制强枝向缓势发展（夏、秋拿，拉，换头），充分利用一切可以利用的结果枝（包括下垂枝），达到早结果、早丰产的目的。

(1) 短截发育枝 晚实核桃分枝能力差，枝条较少，常用短截发育枝的方法增加枝量。将从一级和二级侧枝上抽生的生长旺盛的发育枝进行短截，促进新梢生长，增加分枝。剪截长度为枝长的 1/4~1/2，短截后一般可萌发 3 个左右较长的枝条。通过短截，改变了剪口芽的顶端优势，剪口部位新梢生长旺盛，能促进分枝，提高成枝力。对核桃树上中等长枝或弱枝不宜短截，否则刺激下部发出细弱短枝，其组织不充实，冬季易发生日烧而干枯，影响树势。

(2) 利用徒长枝及旺盛营养枝 随树龄和结果量的增加，外围枝长势变弱，加之修剪等外界刺激，极易造成内膛骨干枝背上潜伏芽萌发成为徒长枝，消耗营养，影响通风透光。因此，对于徒长枝应采取"有空就留，无空就疏"的原则，充实内膛，增加结果部位，也可作为更新复壮的主要枝条。

> **提示** 对直径为 3 厘米左右的旺盛营养枝，于发芽前后拉成水平状，可增加果枝量。

（3）**培养结果枝组**　结果初期应该加强结果枝组的培养，扩大结果部位。培养结果枝组的原则是大、中、小配备适当，分布均匀。培养的途径：对骨干枝上的大中型辅养枝短截一部分，对部分直立旺长的枝采取拉平缓放、夏季摘心等方法，促生分枝，形成结果枝组。对树冠内的健壮发育枝，可去直立留平斜，先放后缩培养成中小型结果枝组，达到尽快扩大结果部位，提高产量的目的。

3. 盛果期树

盛果期树的骨架已形成，树冠极易郁闭，无效枝增多，内膛光照不良，主从关系大小不均，往往出现下垂、光腿、横生、倒拉，致使结果母枝早衰，结果部位外移，造成顶端结果，产量不高。盛果期树的主要修剪要点是：疏病枝、透阳光、缩外围、促内膛、抬角度、节营养、养枝组、增产量。特别是要做好抬、留的科学运用，绝对不能一次处理下垂枝，要本着三抬一、五抬二的手法（下垂枝连续 3 年生的可疏去 1 年生枝，5 年生缩至 2 年生处，留向上枝）；抬高枝角度，复壮枝势，充实结果母枝，达到稳产、高产的目的。

4. 衰老树更新

首先，疏除病虫枯枝、密集无效枝，回缩外围枯梢枝（但必须回缩至有生长能力的部位），促其萌发新枝。其次，要充分利用好一切可利用的徒长枝，尽快恢复树势，使其继续结果。对严重衰老树，要采取大更新，即在主干及主枝上截去衰老部分的 1/3～2/5，保证一次性重发新枝，3 年后可形成新树冠。衰老树的更新方法请参照本章第四节衰老树的修剪方法。

第七章　核桃的花果管理

第一节　核桃开花特性及授粉受精

🕐 **关键知识点：**

核桃多数为雌雄同株异花，雌花与雄花的花期不一致，称为雌雄异熟性。雄花先开者叫雄先型，雌花先开者叫雌先型。核桃系风媒花，最佳授粉距离应在距授粉树100米以内，柱头呈倒八字形时，柱头正面凸起且分泌物增多，为雌花盛花期，此时接受花粉能力最强，为授粉最佳时期。

一　开花特性

1. 雄花

核桃多数为雌雄同株异花，在从新疆引种的早实核桃幼树上，也发现有雌雄同花现象，不过，雄花多不具花药，不能散粉；也有的雌雄同序，但雌花多随雄花脱落。上述两种特殊情况基本上没有生产意义。核桃的雄花序长8～12厘米，偶有长20～25厘米的花序，每个花序着生100～180朵小花，每朵雄花有雄蕊12～25枚，花药为黄色，每个药室约有花粉900粒，有生命力的花粉约占25%。气温超过25℃时，会导致花粉败育，降低坐果率。

春季雄花芽开始膨大伸长，由褐色变为绿色，从基部向顶部膨大，经过6～8天花序开始伸长，基部小花开始分离，萼片开裂并能看到绿色花药，此为初花期。再经过6天左右，花序达一定长度，小花开始散粉，此为盛花期，其顺序是由基部逐渐向顶端开放，2～3天散粉结束。散粉结束后花序变黑而干枯。散粉期如遇低温、阴雨、大风等，将对授粉受精不利。雄花过多，消耗养分和水分过多，会影响树体生长和结果。试验表明，适当疏雄（除掉约95%的雄芽或雄花）有明显的增产效果。

2. 雌花

雌花与雄花的比例为1:（7～8）。雌花呈总状花序，着生于结果枝顶端。核桃雌花可单生、2～3朵簇生、4～6朵序生，有的品种有小花10～30朵呈穗状花序（如穗状核桃），通常为2～3朵簇生。雌花长约1厘米，宽约0.5厘米，柱头二裂，成熟时反卷，常有黏液分泌物，子房1室。

春季混合芽萌发后，结果枝伸长生长，在其顶端出现带有羽状柱头和子房的幼小雌花，雌花初显露时幼小子房露出，二裂柱头抱合，此时无受粉受精能力。5～8天后，子房逐渐膨大，羽状柱头开始向两侧张开，此时为初花期。此后，经过4～5天，当柱头呈倒八字形时，柱头正面凸起且分泌物增多，为雌花盛花期，此时接受花粉能力最强，为受粉最佳时期。再经3～5天以后，柱头表面开始干涸，柱头反卷，受粉效果较差。之后柱头逐渐枯萎，失去受精能力。

核桃雌花与雄花的花期不一致，称为雌雄异熟性。雄花先开者叫雄先型；雌花先开者叫雌先型；雌花与雄花同时开放者为雌雄同熟型，但这种情况很少。各种类型因品种不同而异。多数研究认为，以雌雄同熟型的产量和坐果率最高，雌先型次之，雄先型最低。

3. 二次花

核桃一般每年开花一次，但早实核桃具有二次开花结实的特性。二次花着生在当年生枝的顶部。花序有三种类型：第一种是雌花序，只着生雌花，花序较短，一般长10～15厘米；第二种是雄花序，花序较长，一般为15～40厘米；第三种是雌雄混合花序，下半序为雌花，上半序为雄花，花序最长可达45厘米，一般易坐果。此外，早实核桃还常出现两性花：一种是子房基部着生8枚雄蕊，能正常散粉，子房正常，但果实很小，早期脱落；另一种是在雄蕊中间着生1个发育不正常的子房，多早期脱落。二次雌花多在一次花后20～30天时开放，若能坐果，坚果成熟期与一次果相同或稍晚，果实较小，用作种子能正常发芽。用二次果培育的苗木与一次果苗木无明显差异。

授粉受精

核桃系风媒花。花粉传播的距离与风速、地势等关，在一定距离内，花粉的散布量随风速增加而加大，但随距离的增加而减少。经研究发现，最佳授粉距离应在距授粉树 100 米以内，超过 300 米几乎不能授粉，这时需进行人工授粉。花粉在自然条件下的寿命只有 5 天左右。刚散出的花粉生命力高达 90%，放置 1 天后降至 70%，在室内条件下，6 天后全部失活，即使在冰箱冷藏条件下，采粉后 12 天，生命力也下降到 20% 以下。在一天中，以 9：00～10：00，15：00～16：00 给雌花授粉效果最佳。

核桃的授粉效果与天气状况及开花情况有较大关系。多年经验证明，凡雌花短、开花整齐者，其坐果率就高；反之则低。据调查，雌花期为 5～7 天的品种，坐果率高达 80%～90%，8～11 天的品种坐果率在 70% 以下，12 天的品种坐果率仅为 36.9%。花期如遇低温阴雨天，则会明显影响正常的授粉受精活动，降低坐果率。

有些核桃品种或类型无须授粉，也能正常结出有活力的种子，这种现象称为孤雌生殖。对此国内外均有报道。有报道称，核桃孤雌生殖率可达 4.08%～43.7%，并且雄先型树高于雌先型树。国外有研究曾观察了 38 个中欧核桃品种在 9 年中的表现，其中有孤雌生殖现象者占 18.5%。此外，用异属花粉授粉，或者用吲哚乙酸、萘乙酸及 2，4-D 等处理，或者用纸袋隔离花粉，均可使核桃结出有种仁的果实。这表明，不经授粉受精，核桃也能结出一定比例的有生殖能力的种子。

三　通过人工授粉提高坐果率

1. 采集花粉

从生长健壮的成年树上采集将要散粉（花序由绿色变为黄色）或刚刚散粉的雄花序，放在干燥的室内或无阳光直射的地方晾干，在 20～25℃ 条件下，经 1～2 天即可散粉，然后将花粉收集在指形管或青霉素瓶中，置于 2～5℃ 条件下备用，花粉的生命力在常温下可保持 5 天左右，在 3℃ 冰箱中可保持 20 天以上。瓶装花粉应适当通气，以防发霉。为适应大面积授粉的需要，可将原粉加以稀释，一般按 1：10 加入淀粉，稀释后的花粉同样可以收到良好的授粉效果。

2. 选择授粉适期

当雌花柱头开裂并呈倒八字形时，柱头羽状凸起，分泌大量黏液，并具有一定光泽时，为雌花接受花粉的最佳时期。此时正值雌花盛期，时间为 2 ~ 3 天，雄先型植株此期只有 1 ~ 2 天，要抓紧时间授粉。有时因天气状况不良，同一棵树上雌花期早晚可相差 7 ~ 15 天，可分 2 次进行授粉。

3. 授粉方法

对树体较矮小的早实核桃幼树，可用授粉器授粉，也可用医用喉头喷粉器代替，将花粉装入喷粉器的玻璃瓶中，在树冠中上部喷撒，喷头要在柱头 30 厘米以上。此方法授粉速度快，但花粉用量大。也可用新毛笔蘸少量花粉，轻轻弹在柱头上，注意不要直接往柱头上抹，以免授粉过量或损坏柱头，导致落花。对成年树或高大的晚实核桃树可采用花粉袋抖授法，将花粉装入 2 ~ 4 层纱布袋中，封严袋口，拴在竹竿上，然后在树冠上方迎风面轻轻抖撒。也可将即将散粉的雄花序采下，每 4 ~ 5 个为 1 束，挂在树冠上部，任其自由散粉，效果也很好，还可免去采集花粉的麻烦。此外，还可将花粉配成悬液［花粉与水的比例为 1 :（3000 ~ 5000）］进行喷洒，有条件时可在水中加 2% 蔗糖和 0.02% 硼酸，可促进花粉发芽和受精。此方法既节省花粉，又可结合叶面喷肥进行，适合山区或水源缺乏的地区采用。

核桃属于异花授粉植物，虽也存在着自花结实现象，但坐果率较低。核桃存在着雌、雄花期不一致的现象，并且为风媒花，自然授粉受各种条件限制，致使每年坐果情况差异较大。幼树开始结果的第 2 ~ 3 年只形成雌花，没有或很少有雄花，因而影响授粉和结果。某些品种的同一棵树上，雌花与雄花的花期可相差 20 多天。花期不相遇常造成授粉不良，严重影响坐果率和产量。零星栽种的核桃树这种现象更为严重。为了提高坐果率，增加产量，可以进行人工辅助授粉。授粉应在核桃树初花期到盛花期进行。

（四）疏雄花以节省营养

核桃是雌雄同株异花授粉植物，雌花着生在结果枝顶端，雄花着生在同一结果母枝的基部或雄花枝上，核桃的雄花数量大，远远超出授粉需要，可以疏除一部分雄花。生产实践证明，雄花和雌花在发育过程中，需要消耗大量树体内贮藏的营养，尤其是在雄花快速生长和雄花大量开花时，消耗更为突出，此时树体有限的营养和水分往往成为限制雌花生长发育和开花坐果的因素。尤其核桃花期，正值我国北方干旱季节，水分往往成为生殖活动的限制因子，而雄花芽又位于雌花芽的下部，处于争夺水分和养分的有利位置，大量雄花芽的发育势必影响到结果枝的雌花发育。提早疏除过量的雄花芽，可以节省树体的大量水分和养分，有利于当年雌花的发育，提高当年坚果的产量和品质，同时也有利于新梢的生长和花芽分化。故采取人工剪除或喷施核桃化学去雄剂疏除过多的雄花能够使有限的养分和水分供应开花坐果和果实发育。研究表明，疏除 90%～95% 的雄花序，能减少树体部分养分的无效消耗，促进树体内水分、养分集中供应开花、坐果和果实生长发育，因而大幅度地提高产量和质量。不仅有利于当年树体生长发育，提高坚果品质和产量，同时也有利于新梢的生长，保证第二年的生产。

1. 疏雄时期

原则上以早疏为宜，一般以雄花芽未萌动前 20 天内进行为宜，雄花芽开始膨大时，为疏雄的最佳时期。因为休眠期雄芽比较牢固，操作麻烦，雄花序伸长时，已经消耗营养，对树是不利的。

2. 疏雄数量

每个雄花序有雄花 100～180 朵。雌花序与雄花（小花）数之比为 1:(500～1080)。若疏去 90%～95% 的雄花序，雌花序与雄花之比仍可达 1:(25～60)，完全可以满足授粉的需要。但雄花芽较少的植株和初果期的幼树可以不疏雄。

第二节 核桃的结果特性及合理负载

 关键知识点：

早实核桃 2～3 年开始结果，晚实核桃 6～8 年开始结果。早实核桃树各种长度的当年生枝，只要生长健壮，都能形成侧生混合芽。晚实核桃树生长旺盛的长枝，当年都不易形成混合芽，形成混合芽的枝条长度一般在

5～30厘米，并且主要为顶芽。早实核桃以侧花芽结果为主，雌花量较大，到盛花期后，为保证树体营养生长与生殖生长的相对平衡，保持优质、高产、稳产和坚果质量，必须疏除过多的幼果，否则会因结果太多造成果个变小、品质变差，严重时导致树势衰弱，枝条大量干枯死亡。

一　结果特性

不同类型和品种的核桃树开始结果的年龄不同，早实核桃2～3年开始结果，晚实核桃6～8年开始结果。初结果树，多先形成雌花，2～3年后才出现雄花。成年树雄花量多于雌花几倍、几十倍，雄花和雌花在发育过程中需要消耗大量树体内贮藏的营养，尤其是在雄花快速生长和雄花大量开花时，消耗更为突出，以至因雄花过多而影响坚果的产量和品质。

早实核桃树各种长度的当年生枝，只要生长健壮，都能形成混合芽。晚实核桃树生长旺盛的长枝，当年都不易形成混合芽，形成混合芽的枝条长度一般在5～30厘米。

成年树以健壮的中短结果母枝坐果率最高。在同一结果母枝上以顶芽及其以下第1～2个腋花芽结果最好。坐果的多少与品种特性、营养状况、气候状况和所处部位的光照条件等有关。一般一个果序可结1～2个果实，有些品种也可着生3个或多果。着生于树冠外围的结果枝结果情况较好，光照条件好的内膛结果枝也能结果。健壮的结果枝在结果的当年还可形成混合芽，结果枝中有96.2%于当年继续形成混合芽，而弱果枝中能形成混合芽的只占30.2%，这说明核桃结果枝具有连续结实的能力。核桃喜光与合轴分枝的习性有关，随树龄增长，结果部位迅速外移，果实产量集中于树冠表层。早实核桃二次雌花一般也能结果，所结果实多呈一序多果穗状排列。二次果较小，但能成熟并具发芽成苗能力，苗木的生长状况同一次果的苗无差异，并且能表现出早实特性，所结果实体型大小也正常。

二　果实的发育

核桃果实发育是从雌花柱头枯萎到总苞变黄开裂，坚果成熟的整个过程。此期的长短因品种、气候和生态条件的变化而异，一般南方为170天左右，北方为120天左右。核桃果实发育大体可分为4个时期。

1. 果实速长期

一般在 5 月初 ~ 6 月初，30 ~ 35 天，是果实生长最快的时期，其体积生长量约占全年总生长量的 90% 以上，重量则占 70% 左右，日平均绝对生长量达 1 毫米以上。

2. 果壳硬化期

果壳硬化期又称硬核期。北方在 6 月下旬，坚果核壳自基部向顶部逐渐变硬，种仁由糨糊状物变成嫩种仁，果实大小基本定型，生长量减小，营养物质开始迅速积累。

3. 油脂迅速转化期

油脂迅速转化期也称种仁充实期，从硬核期到果实成熟，果实略有增长，到 8 月上中旬停止增长，此时果实已达到品种应有的大小。种仁内淀粉、糖和脂肪等含量迅速增加。同时，种仁不断充实，重量迅速增加，含水量下降，风味由甜淡变香脆。

4. 果实成熟期

8 月下旬 ~ 9 月上旬。果实各部分已达该品种应有的大小，坚果重量略增加，青果皮由深绿色、绿色逐渐变为黄绿色或黄色，有的出现裂口，坚果易脱出。据研究，此期坚果的含油量仍有较多增加，为保证品质，不宜过早采收。

三　疏花疏果及合理负载

1. 疏雌花

近年来，早实核桃栽培面积不断增加，生产上常因结果量大，使果实变小，核壳发育不完整，种仁干瘪，发育枝少而短，结果枝细而弱，严重时造成大量枝条干枯，树体衰弱。为保证树体健壮、高产、稳产，延长结果期，除了加强肥水管理和修剪复壮外，还要维持树体的合理负载，疏除过多的雌花和幼果。

（1）疏花时间　雌花在发育过程中需要消耗大量树体内贮藏的营养。因此，从节约树体营养角度而言，疏花宜从现蕾到盛花期末进行。

（2）疏花方法　疏除弱枝或细弱枝上的花，也可连同弱枝一同剪掉；每个花序有 3 朵以上花的，视结果枝的强弱，可保留 3 朵，坐果部位在冠内要分布均匀，郁闭内膛可多疏。特别注意，疏花仅限于坐果率高的早实核桃品种。

2. 疏幼果

早实核桃以侧花芽结果为主，雌花量较大，到盛花期后，为保证树体营养生长与生殖生长的相对平衡，保持优质、高产、稳产和果实质量，必须疏除过多的幼果，否则会因结果太多造成果个变小，品质变差，严重时导致树势衰弱，枝条大量干枯死亡。

（1）疏果时间 可在生理落果后，一般在雌花受精后 20～30 天，即子房发育到 1.0～1.5 厘米时进行。疏果量应依树势状况和栽培条件而定，一般以 1 米² 树冠投影面积保留 60～100 个果实为宜。

（2）疏果方法 先疏除弱枝或细弱枝上的幼果，也可连同弱枝一同剪掉；每个花序有 3 个以上幼果，视结果枝的强弱，可保留 2～3 个，坐果部位在冠内要分布均匀，郁闭内膛可多疏。特别注意，疏果也仅限于坐果率高的早实核桃品种。

四 防止落花落果的技术措施

花期喷硼酸、稀土和赤霉素，可显著提高核桃树的坐果率。据山西林业科学研究所 1991～1992 年进行的多因子综合实验结果，盛花期喷赤霉素、硼酸、稀土的最佳用量分别为 54 克/千克、125 克/千克、475 克/千克。另外，花期喷 0.5% 尿素及 0.3% 磷酸二氢钾 2～3 次能改善树体养分状况，促进坐果。

第八章 核桃的采收及处理

第一节 核桃采收技术

关键知识点：

种仁成熟期为采收适期。种仁成熟的标志是隔膜由浅黄色变为棕色，一般认为青皮由深绿色变为浅黄色，30%的坚果果顶部开裂，80%的坚果果柄处已经形成离层，并且其中部分果顶部出现裂缝，青皮容易剥离时为适宜采收期。

一 果实成熟的特征

核桃的适时采收非常重要，采收过早，青皮不易剥离，种仁不饱满，出仁率低，脂肪含量降低，影响坚果产量，而且不耐贮藏；采收过晚，果实易脱落，同时青皮开裂后若果实在树上的时间过长，会增加感染霉菌的机会，导致坚果品质下降。因此，为保证核桃坚果的产量和品质，应在坚果充分成熟且产量和品质最佳时采收。

核桃为假核果类，其可食部分为种仁（或称核仁），故其成熟期与桃、杏等不同，包括青皮及种仁两个部分的成熟过程，这两部分常存在不同的成熟现象。核桃从坐果到果实成熟需要 130～140 天。核桃果实成熟期因品种、地区和气候不同而异，早熟品种与晚熟品种的成熟期可相差半个月以上。气候及土壤中的含水量对核桃成熟期影响也很大。在初秋气候温暖，夜间冷凉而土壤湿润时，青皮与种仁的成熟期趋向一致；而当气温高、土壤干旱时，种仁成熟早而青皮成熟推迟，最多可相差几周。一般来说，北方地区的核桃成熟期在9月上中旬，南方则相对早些。同一地区的核桃成熟期也不同，平原较山区成熟早，低海拔山区比高海拔山区成熟早，阳坡较阴坡成熟早，干旱年份比阴雨年份成熟早。目前，我国核桃掠青早采的现象相当普遍，并且日趋严重。青皮成熟时，由深绿色或绿色变为黄绿色或浅黄色，茸毛稀少，果实顶部出现裂缝，与核壳分离，此为青皮的成熟特征。内隔膜由浅黄色变为棕色，为种仁的成熟特征。

二 果实成熟期内含物的变化

1. 果实干重的变化

核桃果实成熟期间单果干重仍有明显增加。在成熟期间会增加单果干重的13.04%左右，并且单果干重变化主要表现在种仁干重的增加，最后成熟期间积累种仁质量的24.08%，青皮及硬壳干重在成熟期间几乎没有变化。

2. 种仁中有机营养物质的变化

研究结果表明，核桃果实成熟期间种仁中的有机营养物质以脂肪含量最高，平均达71.04%，其变化呈指数型积累；蛋白质含量次之，平均为18.63%，其变化呈下降趋势；水溶性糖的含量较低，平均为2.52%，变化不大；淀粉含量很低，平均为0.13%，变化不明显。

3. 果实青皮中矿质元素的变化

有研究表明，晚实核桃清香和早实核桃辽宁1号的果实在成熟过程中，青皮中矿质元素的含量是不同的：清香果实青皮中钾的平均含量为3.4%，是氮平均含量的4.04倍，是磷平均含量的21.82倍。辽宁1号果实青皮中钾的平均含量为3.3%，是氮平均含量的3.17倍，是磷平均含量的25.56倍。在核桃果实生长发育阶段，青皮中钾的含量最高，并呈现先增加后降低的趋势，氮、磷和锌的含量较低，变化比较平稳。晚实核桃清香和早实核桃辽宁1号果实青皮中钾含量的变化趋势也不同。

4. 种仁中矿质元素的变化

果实成熟过程中，种仁中钾的含量呈明显下降趋势，磷和锌的含量变化比较平稳。清香果实种仁中氮的含量基本呈先增加后下降趋势，辽宁1

号果实种仁中氮的含量逐渐下降。在同一时期，早实核桃种仁中氮的含量比晚实核桃种仁中氮的含量要高。在果实生长发育阶段，氮和钾的平均含量比磷的平均含量高，而且核桃种仁中氮和钾的平均含量波动性比磷和锌的大。

三 适时采收的意义

核桃果实适时采收是一个非常重要的环节。只有适时采收，才能保证核桃优质高产。据各产区的调查表明，目前核桃的采收期一般提前 10 ～ 15 天，产量损失 8% 左右，按我国 2017 年核桃产量为 415.25 万吨统计，每年因早采收损失约 33.22 万吨。提早采收也是近年来我国核桃品质下降的主要原因之一。过早采收的原因可能有两种：一是生产者害怕烂果增加，效益降低。由于烂果病一般表现为幼果期侵入，中后期发病，成熟期发病重且迅速，所以早采收可以减少烂果。二是利益的驱使，核桃产区的种植户，看到未成熟的青皮核桃价格高，便改变了以往成熟时收获的习惯。

采收过早，青皮不易剥离，种仁不饱满，出仁率低，加工时出油率低，而且不耐贮藏。提前 10 天以上采收时，坚果和种仁的产量分别降低 12% 及 34% 以上，脂肪含量降低 10% 以上。过晚采收，则果实易脱落，同时青皮开裂后若果实在树上时间过长，也会增加感染霉菌的机会，导致坚果品质下降。深色种仁比例增加，也会影响种仁的品质。

四 采收时期的确定

除个别早实核桃品种在处暑以后（8 月下旬）采收外，绝大部分品种的采收时间应在 9 月上中旬。即白露前后（最好是白露后）。采收期推迟 10 天，产量可增加 10%，出仁率可增加 18%。

种仁成熟期为采收适期。种仁成熟的标志是隔膜由浅黄色变为棕色，一般认为青皮由深绿色变为浅黄色，30% 的坚果果顶部开裂，80% 的坚果果柄处已经形成离层，并且其中部分果顶部出现裂缝，青皮容易剥离时为适宜采收期，此时的核桃种仁饱满，幼胚成熟，子叶变硬，风味浓香。

第二节 采收与处理

 关键知识点：

1）人工采收法是在核桃成熟时，用带弹性的长木杆或竹竿敲击果实。敲打时应该自上而下，从内向外顺枝进行。

2）机械振动法是在采收前半个月喷 1～2 次 500～2000 毫克/千克的乙烯利催熟，然后用机械环抱振动树干，使果实落于地面。

3）冻融脱青皮法是将采收的核桃剔除病果和虫害果后，在 -25～-5℃进行低温冷冻，至青皮冻透，然后升温至 0℃以上融化，采用机械或人工去除青皮。

4）坚果热风干燥法是用鼓风机将干热风吹入干燥箱内，使箱内堆放的核桃很快干燥。鼓入热风的温度应在 40℃为宜。

一 采收方法

目前，我国采收核桃用的多是人工采收法。人工采收法是在核桃成熟时，用带弹性的长木杆或竹竿敲击果实。

 注意 敲打时应该自上而下，从内向外顺枝进行。如果由外向内敲打，容易损失枝芽，影响第二年的产量。

也可采用机械振动法，在采收前半个月喷 1～2 次 500～2000 毫克/千克的乙烯利催熟，然后用机械环抱振动树干，使果实落于地面，可促使脱除青皮，大大节省采果及脱青皮的劳动力，也提高了坚果品质，国外核桃采收多采用此类方法。

 注意 喷洒乙烯利必须使药液遍布全树冠，接触到所有的果实，如此才能取得良好的效果。使用乙烯利会引起叶片轻度变黄或产生少量落叶，属正常反应。但树势衰弱的树会发生大量落叶，故不宜采用。

为了提高坚果的外观品质，方便青皮处理，也可采用单个核桃手工采摘的方法，或者用带铁钩的竹竿或木杆顺枝钩取，避免损伤青皮。采收装袋时，将青皮有损伤的和无损伤的分开装袋。

采收后的处理

人工打落并采收的核桃，70%以上的坚果带有青皮，故一旦开始采收，必须随采收、随脱青皮、随干燥，这是保证坚果品质优良的重要措施。带有青皮的核桃，由于青皮具有绝热和防止水分散失的性能，使坚果热量积累，当气温在37℃以上时，种仁很易达到40℃以上而受高温危害，在烈日下采收时，更应加快拣拾。核桃果实采收后，将其及时运到室内或室外阴凉处，不能放在阳光下暴晒，否则会使种仁颜色变深，降低坚果品质。

1. 脱青皮

（1）人工脱皮法 核桃果实采收后，及时用刀或剪刀将青皮剥离，削净果皮。此法需要的劳动力，效率低，目前基本不被采用。

（2）堆沤脱皮法 收回的青果应及时放到阴凉、通风处。青皮未离皮时，可在阴凉处堆放，切忌在阳光下暴晒，然后按50厘米左右的厚度堆成堆。可在果堆上加一层10厘米左右厚的湿秸秆、湿袋或湿杂草等，这样可提高堆内温度，促进果实后熟，加快果实脱皮的速度。一般堆沤后4~6天，当青皮离壳或开裂达到50%以上时，可用脚轻踩，用棍敲击或用手搓。部分不能脱皮的果实用刀削除果皮或再集中堆沤数日，直到全部脱皮为止。堆沤时间的长短与果实的成熟度有关，成熟度越高，堆沤时间越短；反之越长，但切勿过长，以免使青皮变黑而使坚果壳变色，或者污液渗入坚果内部污染种仁，降低坚果品质。在操作过程中应尽量避免手、脚和皮肤直接接触青皮。

（3）乙烯利脱皮法 堆沤脱皮法需要的时间较长，工作效率较低，果实污染率高，对坚果品质影响较大，为提高坚果品质可采用乙烯利脱皮法。果实采收后，先在3000~5000毫克/千克的乙烯利溶液中浸蘸约30秒，然后按50厘米左右的厚度堆在阴凉处或室内，温度维持在30℃左右，相对湿度为80%~90%，再加盖一层厚10厘米左右的湿秸秆、湿袋或湿杂草等，经3~4天，离皮率达95%以上。此法不仅时间短、效率高，而且还能显著提高坚果品质。

注意 在应用乙烯催熟过程中，忌用塑料薄膜之类的不透气材料覆盖，也不能装入密闭的容器中。

（4）冻融脱青皮法 采收的核桃剔除病果和虫害果后，在 -25 ~ -5℃进行低温冷冻，至青皮冻透，然后升温至 0℃ 以上融化，采用机械或人工去除青皮。冻融脱青皮法快速高效，脱皮率高，壳干净且色浅亮，绿色无污染。

（5）机械脱青皮法 目前，机械脱青皮法可分为 4 种：刮削法、切割法、挤压法和撞击法。

1）刮削法：利用刮削部件和青果做相对运动，逐渐刮削青皮。该法机械适用性强，效率较低。刮削部件一般分片状金属板（刀片或栅条）或钢丝刷。以片状金属板作为刮削部件，由于核桃青果长轴两端的青皮不易去除，脱净率较低。而以钢丝刷作为刮削部件，因为其弹性更佳，所以核桃破碎率低，但脱净率与核桃破损率之间仍存在矛盾。钢丝刷型机械受核桃成熟度的影响较小，而片状金属板型所受影响较大。

2）切割法：用刀片将表层青皮割裂后，利用摩擦力将其从核桃表面剥离。该类型机械结构简单，成本低廉，适用性广。脱净率受核桃成熟度的影响，并且壳易被割刀破坏，故破碎率较高。

3）挤压法：主要利用挤压力使青皮破裂。脱净率与核桃的成熟度、品种及尺寸关系密切。因为在工作过程中易将核桃挤破，所以常用于壳较厚的核桃品种脱皮，适用性略低于其他几种方法。

4）撞击法：为拔杆旋转后，核桃青果在机械中相互撞击，青皮破裂并脱落。脱净率受核桃成熟度的影响，破损率较高。

2. 漂洗

坚果脱去青皮后，应及时洗去坚果表面残留的烂皮、泥土及其他污染物，带壳销售时，可用漂白液进行漂白。常用的漂白方法如下：

（1）坚果的洗涤 将刚脱青皮的核桃装筐后放在水池或流水中，人工或用洗涤机械搅拌 5 分钟左右，然后用清水冲洗。对坚果表面不易洗净的残留青皮，可用刷子刷洗。洗涤时间不宜过长，以免污水渗入壳内，污染种仁。不需要漂白的核桃可直接捞出进行干燥。用于带壳销售的核桃，洗涤后还要进行漂白。

> **提示** 漂白液的配置：将 1 千克漂白粉溶解在 5 ~ 6 千克温水内，充分溶解后，滤去沉渣，再加 40 ~ 50 千克清水稀释即可。

(2) 漂白方法 将漂白液倒入除掉青皮后盛核桃的容器内，以漂白液能淹没坚果为宜，然后用木棒充分搅拌 5~6 分钟，当坚果的壳变白时停止搅拌并捞出，放在清水中连续冲洗几次，直到坚果表面不留药剂和药味。用过的漂白液可再加入 1 千克漂白粉继续使用，如此连续 5~6 次后再重新配制漂白液。

注意 盛漂白液的容器应以瓷缸、水泥槽等为宜，禁用铁器，也不可用铁木制品。

3. 干燥

(1) 晒干法 北方地区秋季天气晴朗、凉爽，多采用此法。漂洗干净的坚果，不能立即放在阳光下暴晒，应先摊放在竹箔或高粱箔上，在避光通风处晾半天左右，待大部分水分蒸发后再摊开晾晒。湿核桃在日光下暴晒会使核壳翘裂，影响坚果品质。晾晒时，坚果厚度以不超过两层果为宜。晾晒过程中要经常翻动，以达到干燥均匀、色泽一致，一般经过 10 天左右即可晾干。

(2) 烘干法 在多雨潮湿地区，可在干燥室内将核桃摊在架子上，然后在屋内用火炉子烘干。干燥室要通风，炉火不宜过旺，室内温度不宜超过 40℃。

(3) 热风干燥法 用鼓风机将干热风吹入干燥箱内，使箱内堆放的核桃很快干燥。鼓入热风的温度应在 40℃ 为宜，温度过高会使种仁内的脂肪变质，当时不易发现，贮藏几周后种仁会腐败不能食用。

(4) 坚果干燥的指标 坚果相互碰撞时，声音脆响，砸开检查时，横隔膜极易折断，种仁酥脆。在常温下，环境的相对湿度为 60% 的坚果平均含水量为 8%，种仁的含水量约 4%，便达到干燥标准。

第三节 分级与包装

关键知识点：

核桃坚果依直径大小分为 3 个等级：一等为 30 毫米以上，二等为 28~30 毫米，三等为 26~28 毫米。根据《核桃坚果质量等级》（GB/T 20398—2006），将核桃坚果分为特级、Ⅰ 级、Ⅱ 级和 Ⅲ 级果。

一　坚果的质量分级标准

在国际市场上，商品核桃坚果的价格与其大小有关。根据核桃外贸出口要求，坚果依直径大小分为3个等级：一等为30毫米以上，二等为28～30毫米，三等为26～28毫米。美国现在推出大号和特大号商品核桃，我国也开始出口直径为32毫米的商品核桃。出口核桃除了要求坚果大小这个主要指标外，还要求果面光滑、洁白、干燥（种仁的含水量不得超过4%），成品内不允许夹带其他杂质，不完善果（欠熟果、虫蛀果、霉烂果及破裂果）总计不得超过总量的10%。

1. 核桃坚果质量等级

根据《核桃坚果质量等级》（GB/T 20398—2006），将核桃坚果分为以下4个等级。

（1）特级果的标准　要求坚果充分成熟，壳面洁净，大小均匀，横径不小于30毫米，平均单果重不小于12克。形状一致，外壳呈自然黄白色，缝合线紧密，易取整仁，出仁率不小于53%。空壳果率不大于1%，黑斑果率为0，含水量不大于8%。种仁呈黄白色，饱满，味香，涩味淡，无露仁、虫蛀、出油、霉变、异味等果。无杂质，未经有害化学物质漂白处理。种仁中粗脂肪含量不小于65%，蛋白质含量不小于14%。

（2）Ⅰ级果的标准　要求坚果充分成熟，壳面洁净，大小均匀，横径不小于30毫米，平均单果重不小于12克。形状基本一致，外壳呈自然黄白色，缝合线紧密，易取整仁，出仁率不小于48%。空壳果率不大于2%，黑斑果率不大于0.1%，含水量不大于8%。种仁呈黄白色，饱满，味香，涩味淡，无露仁、虫蛀、出油、霉变、异味等果。无杂质，未经有害化学物质漂白处理。种仁中粗脂肪含量不小于65%，蛋白质含量不小于14%。

（3）Ⅱ级果的标准　要求坚果充分成熟，壳面洁净，大小均匀，横径不小于28毫米，平均单果重不小于10克。形状基本一致，外壳呈自然黄白色，缝合线紧密，易取半仁，出仁率不小于43%。空壳果率不大于2%，黑斑果率不大于0.2%，含水量不大于8%。种仁呈黄白色，较饱满，味香，涩味淡，无露仁、虫蛀、出油、霉变、异味等果。无杂质，未经有害化学物质漂白处理。种仁中粗脂肪含量不小于60%，蛋白质含量不小于12%。

(4) Ⅲ级果的标准 要求坚果充分成熟，壳面洁净，横径不小于26毫米，平均单果重不小于8克。外壳呈自然黄白色或黄褐色，缝合线紧密，易取1/4仁，出仁率不小于38%。空壳果率不大于3%，黑斑果率为0.3%，含水量不大于8%。种仁呈黄白色或浅琥珀色，较饱满，味香，稍涩，无露仁、虫蛀、出油、霉变、异味等果。无杂质，未经有害化学物质漂白处理。种仁中粗脂肪含量不小于60%，蛋白质含量不小于10%。

2. 无公害安全核桃坚果的要求

(1) 感官要求 根据《核桃仁》（LY/T 1922—2010），将核桃仁的质量规格进行了分级（表8-1）。

表8-1 核桃仁质量分级指标（LY/T 1922—2010）

等 级		规 格	不完善仁（%）	杂质（%）	不符合本等级仁允许量（%）	异色仁允许量（%）
一等	一级	半仁，浅黄色	≤0.5	≤0.05	总量≤8，其中碎仁≤1	≤10
	二级	半仁，浅琥珀色	≤1.0	≤0.05		≤10
二等	一级	四分仁，浅黄色	≤1.0	≤0.05	大三角仁及碎仁总量≤30，其中碎仁≤5	≤10
	二级	四分仁，浅琥珀色	≤1.0	≤0.05		≤10
三等	一级	碎仁，浅黄色	≤2.0	≤0.05	Φ10mm 圆孔筛下仁总量≤30，其中 Φ8mm 圆孔筛下仁≤3、四分仁≤5	≤15
	二级	碎仁，浅琥珀色	≤2.0	≤0.05		≤15
四等	一级	碎仁，琥珀色	≤3.0	≤0.05	Φ8mm 圆孔筛上仁≤5，Φ2mm 圆孔筛下仁≤3	≤15
	二级	米仁，浅黄色	≤2.0	≤0.05		—

(2) 安全指标 无公害核桃坚果除了满足上述感官要求外，坚果中的有害物质残留也不能超标。

 二 包装与标识

核桃坚果的包装一般用麻袋或纸箱。出口商品可根据客户要求，每袋装45千克左右或20~25千克，装核桃的麻袋要结实、干燥、完整、整洁卫生、无毒、无污染、无异味。提倡用纸箱包装。袋子外应系挂卡片，纸箱上要贴标签。卡片和标签上要写明产品名、产品编号、品种、等级、净重、产地、包装日期、保质期、封装人员姓名或代号。

第四节　贮藏与运输

关键知识点：

核桃适宜的贮藏温度为1~3℃，相对湿度为75%~80%。贮藏方法一般分为普通室内贮藏法和低温贮藏法。

一 坚果的贮藏要求

种仁的脂肪含量高，可达60%以上，而其中90%以上为不饱和脂肪酸，有70%左右为亚油酸及亚麻酸，这些不饱和脂肪酸极易被氧化而酸败。核壳及种皮的理化性质对抗氧化有重要作用。一是隔离空气，二是内含类抗氧化剂的化合物，但核壳及种皮的保护作用是有限的，而且在抗氧化过程中种皮的单宁物质因氧化而颜色变深，虽然不影响种仁的风味，但是影响外观。核桃适宜的贮藏温度为1~3℃，相对湿度为75%~80%。核桃坚果的贮藏方法因贮藏数量与贮藏时间而异，一般分为常温贮藏法和低温贮藏法。

二 坚果的贮藏方法

1. 常温贮藏

常温条件下贮藏的核桃，必须达到一定的干燥程度，所以在脱去青皮后，马上翻晒，以免水分过多，引起霉烂。但也不要晒得过干，晒得过干容易造成出油现象，降低核桃的品质。核桃以晒到仁、壳由白色变为金黄色，隔膜易被折断，内种皮不易和种仁分离，种仁切面色泽一致时为宜。在常温贮藏过程中，有时会发生虫害和"返油"现象，因此，贮藏时必须保证环境冷凉干燥，并注意通风，定期检查。如果贮藏时间不超过第二年夏季，则可用尼龙网袋或布袋装好，进行室内挂藏。对于数量较大的，装入麻袋或堆放在干燥的地上贮藏。

2. 塑料薄膜袋贮藏

北方地区，冬季由于气温低，空气干燥，在一般条件下，果实不至于发生明显的变质现象。所以可采用塑料薄膜袋密封贮藏核桃。秋季核桃入袋时，不要立即密封，从第二年 2 月下旬开始，气温逐渐回升时，用塑料薄膜袋进行密封保存，密封时应保持低温，防止核桃发霉。秋末冬初，若气温较高，空气潮湿，核桃入袋后必须加入干燥剂，以保持干燥，并通风降温。采用塑料袋密封后于黑暗处贮藏，可有效降低种皮氧化反应，抑制酸败，在室温 25℃ 以下可贮藏 1 年。

如果袋内通入二氧化碳，则有利于核桃贮藏；若二氧化碳含量达到 50% 以上，也可防止因油脂氧化而产生的败坏现象及虫害发生；袋内通入氮气，也有较好的贮藏效果。

3. 低温贮藏

若贮藏数量不大，而时间要求较长，可采用聚乙烯袋包装，在冰箱内 0 ~ 5℃ 的条件下，贮藏 2 年以上品质仍然良好。对于数量较多、贮藏时间较长的，最好用麻袋包装，放于 −1℃ 左右的冷库中进行低温贮藏。

在贮藏核桃时，常发生鼠害和虫害。一般可用溴甲烷（40 克/米³）熏蒸库房 3.5 ~ 10 小时，或者用二硫化碳（40.5 克/米³）密闭封存 18 ~ 24 小时，防治效果显著。

核桃应尽可能带壳贮藏，若要贮藏种仁，种仁因破碎而使种皮不能将其包严，极易氧化，故应用塑料袋密封，再在 1℃ 左右的冷库内贮藏，保藏期可达 2 年。低温与黑暗环境可有效抑制种仁酸败。

种仁在 1.1 ~ 1.7℃ 的条件下可贮藏 2 年而不腐烂。此外，采用合成的抗氧化材料包装种仁，也可抑制因油脂氧化而引起的腐败现象。

第九章　核桃病虫害防治

🕐 **关键知识点：**

在核桃病虫害防治过程中，应当全面贯彻"预防为主，综合防治"的植保方针，以改善生态环境和加强栽培管理为基础，合理采用物理防治、农业防治等综合措施，保护并利用害虫天敌，充分发挥天敌对病虫害的自然控制作用，将病虫害控制在经济阈值之下。在核桃安全生产过程中，使用农药防治病虫害是必要的，但应科学合理地选择和使用农药，最大限度地控制农药的污染和危害。

加强对病虫害的预测预报工作，做到对症下药，适时防治。合理使用绿色无公害果品生产中允许使用的药剂。混合和交替使用不同的药剂，以防产生抗药性并保护害虫的天敌。严格控制药剂的使用浓度和剂量，并按农药安全间隔期进行施药。改进农药的使用性能。可在农药中加入展着剂、渗透剂、缓释剂等，既节省农药又提高药效。尽可能使用低量或超低量的喷药机械。

一　主要病害的防治

1. 核桃炭疽病（彩图38）

核桃炭疽病在我国核桃产区均有产生，是核桃生产中危害最为严重的病害之一。我国河南、河北、山东、山西、辽宁、江苏、四川、云南、新疆等地的核桃产区均有不同程度发生。核桃炭疽病潜伏期长、发病时间短、爆发性强，该病主要为害果实、叶、芽及嫩梢。一般果实感病率可达20%~40%，病重年份可高达95%以上，在收果前10~20天迅速使果实发黑变烂，引起果实早落、种仁干瘪，严重影响核桃的产量和品质，造成严重的经济损失。目前对核桃炭疽病的防治以化学防治为主。

【症状】

1）果实受害后，果皮上出现褐色病斑，圆形或近圆形，中央下陷，病部有黑色小点产生，有时略呈纹状排列。温度和湿度适宜时，在黑点处涌出黏性粉红色孢子团，即分生孢子盘和分生孢子。病果上的病斑有一个至数十个，可连接成片，使果实变黑、腐烂或早落，其种仁无任何食用价值。发病轻时，核壳或种仁的外皮部分变黑，降低出油率和种仁的产量。果实成熟前病斑局限在外果皮，对核桃影响不大。

2）叶片上的病斑，多于叶尖、叶缘形成大小不等的褐色枯斑，其外缘有浅黄色圈。有的在主侧脉间出现长条形枯斑或圆形褐斑。潮湿时，病斑上的小黑点也产生粉红色孢子团。严重时，叶斑连片，叶片枯黄而脱落。

3）芽、嫩梢、叶柄、果柄感病后，在芽鳞基部呈现暗褐色病斑，有的还可深入芽痕、嫩梢、叶柄、果柄等，均出现不规则或长形凹陷的黑褐色病斑，可引起芽梢枯干、叶果脱落。

【发病规律】 病菌在病枝、叶痕、残留病果、芽鳞中越冬，成为第二年的初侵染源。病菌借风、雨、昆虫传播。在适宜的条件下萌发，从伤口、自然孔口侵入。在25～28℃下，潜育期为3～7天。核桃炭疽病比黑斑病发病晚。

核桃炭疽病的发生与栽培管理水平有关，管理水平差、株行距小、过于密植、通风透光不良的条件下，发病重。

不同核桃品种的抗病性差异较大，一般华北本地核桃比新疆核桃抗病，晚实型比早实型抗病。但各有自己抗病性强的和易感病的品种和单株。

【防治方法】

1）物理防治：清除病枝、落叶，集中烧毁，减少初侵染源；加强栽培管理，增施有机肥，保持树体健壮，提高树体的抗病能力；合理修剪，改善园内通风透光条件，有利于控制病害；选育丰产、优质、抗病的新品种。

2）化学防治：发芽前喷3～5波美度石硫合剂；用50%多菌灵可湿性粉剂1000倍液或75%百菌清600倍液或50%甲基托布津500～1000倍

液，在 5 月下旬、6 月下旬、7 月上中旬和 8 月上旬各喷 1 次。喷药时注意均匀。同时对核桃园周围 50 米以内的刺槐树、果树也要进行喷药，防止其他树上的病菌传入核桃园。

2. 核桃细菌性黑斑病（彩图 39）

核桃细菌性黑斑病在我国各核桃产区均有发生。该病主要为害核桃幼果、叶片和嫩梢。一般植株感病率达 70% ~ 100%，果实感病率达 10% ~ 40%，严重时可达 95% 以上，造成果实变黑、腐烂、早落，使种仁干瘪减重、出油率降低，甚至不能食用。

【症状】

1）果实病斑初为黑褐色小斑点，后扩大成圆形或不规则的黑色斑。无明显边缘，周围呈水渍状晕圈。发病时，病斑中央下陷、龟裂并变为灰白色，果实略现畸形。危害严重时，导致全果迅速变黑腐烂，提早落果。幼果发病时，因其内果皮尚未硬化，病菌向里扩展可使种仁腐烂。接近成熟的果实发病时，因核壳逐渐硬化，发病仅局限在外果皮，危害较轻。

2）叶片受害时最先沿叶脉出现黑色小斑，后扩大成近圆形或多角形黑褐色病斑，外缘有半透明状晕圈，多呈水渍状。后期病斑中央呈灰色或穿孔状，严重时整个叶片发黑、变脆，残缺不全。叶柄、嫩梢上的病斑呈长圆形或不规则形，黑褐色、稍凹陷，病斑绕枝干一周，造成枯梢、落叶。

【发病规律】　细菌在病枝、溃疡斑、芽鳞和残留病果等组织内越冬，第二年春季借雨水或昆虫将带菌花粉传播到叶和果实上，并多次进行再侵染。细菌从伤口、皮孔或柱头侵入。病菌的潜育期一般为 10 ~ 15 天。该病发病早晚及发病程度与雨水关系密切。在多雨年份和季节，发病早且严重。在山东、河南等地区一般于 5 月中下旬开始发生，6 ~ 7 月为发病盛期。核桃树冠稠密、通风透光不良时，发病重。一般华北核桃比新疆核桃感病轻，弱树重于健壮树，老龄树重于中、幼龄树。目前，山东省已选育出一些较抗病的优良株系。

【防治方法】

1）加强田间管理：保持园内通风透光，砍去近地枝条，减轻潮湿度，减少互相感病的机会。结合修剪，除去病枝和病果，减少初侵染源。

2）选育抗病品种：选育抗病品种是防治核桃黑斑病的主要途径之

一，选择核桃品种时要把抗病性作为主要标准之一。华北良种核桃、黑核桃抗病性强，引进的薄壳核桃抗性差，应加强薄壳核桃的抗性选育工作。

3）肥水管理：重视有机土杂肥的施用，秋施土杂肥，花前追施速效氮肥，夏季追施磷、钾肥，在山区栽培的应注意刨树盘，蓄水保墒，增强树势，保持树体健壮生长，提高抗病能力。

4）化学防治：发芽前喷 3～5 波美度石硫合剂，消灭越冬病菌，兼治介壳虫等其他病虫害。展叶前喷 1～3 次 1:1:200 的波尔多液；5～6 月喷 70% 甲基托布津可湿性粉剂 1000～1500 倍液，防治效果也较好，或者每半个月喷 1 次 50 微克/克农用链霉素加 2% 硫酸铜溶液。

3. 核桃溃疡病

核桃溃疡病是一种真菌性病害，主要为害幼树主干、嫩枝和果实，一般植株的感病率为 20%～40%，严重时可达 70%～100%。该病可引起植株衰弱、枯枝甚至死亡。果实感病后，干缩、变黑腐烂，并且早落，品质和产量下降。该病在我国核桃产区均有发生。

【症状】 该病多发生在树干及侧枝基部，最初出现黑褐色近圆形病斑，直径为 0.1～2.0 厘米，有的扩展成梭形或长条形病斑。在幼嫩及光滑树皮上，病斑呈水渍状或形成明显的水泡，破裂后流出褐色黏液，遇光全变成黑褐色，随后在患处形成明显圆斑。后期病斑干缩下陷，中央开裂，病部散生许多小黑点，即病菌的分生孢子器。严重时，病斑迅速扩展或数个相连，形成大小不等的梭形样长条形病斑，当病部不断扩大，环绕枝干一周时，则出现枯梢、枯枝或整棵树死亡。

【发病规律】 病菌以菌丝体在病部越冬。第二年春季气温回升，雨量适中，可形成分生孢子，从枝干皮孔或伤口侵入，形成新的溃疡病。该病与温度、雨水、大风等关系密切，温度高时潜育期短。一般从侵入到症状出现需 1～2 个月。该病是一种弱寄生菌，从冻害、日灼和机械伤口侵入，一切影响树势衰弱的因素都有利于该病发生，如管理水平不高，林地干旱、土质差、树体伤口多等。

【防治方法】

1）物理防治：加强田间管理，搞好保水工程，增强树势，提高树体的抗病能力。防旱排涝，增施有机肥，改良土壤，合理修枝整形以改善树冠结构。

2）化学防治：树干涂白，防止日灼和冻害。将病斑处的树皮刮至木质部，然后在病斑处纵横割几条口子，涂刷 3～5 波美度石硫合剂、1% 硫酸铜液或 1∶3∶15 的波尔多液灭菌消毒。

> **提示** 涂白剂配制为：先取生石灰 1 千克、硫黄粉 2 千克、水 10 千克制成石硫合剂原液（冷却后过滤），再取原液 0.25 千克与生石灰 1.5 千克、食盐 0.25 千克、油 0.1～0.2 千克、水 5 千克配制即可。

4. 核桃枝枯病

核桃枝枯病在全国各地均有发生，主要为害核桃枝干，1～2 年生的枝条易受害，一般发病率为 20%～30%，严重时可达 80%。

【症状】　1～2 年生的枝梢或侧枝受害后，先从顶端开始，逐渐蔓延至主干。受害枝上的叶片变黄脱落。发病初期，枝条病部失绿呈灰绿色，后变为红褐色或灰色，大枝病部稍下陷。当病斑绕枝一周时，出现枯枝或整棵树死亡，并在枯枝上产生密集、群生小黑点，即分生孢子盘。湿度大时，大量分生孢子和黏液从盘中央涌出，在盘口形成黑色瘤状突起。

【发病规律】　病菌在病枝上越冬，第二年借风雨等传播，从伤口或枯枝上侵入。该菌是一种弱寄生菌，只能为害衰弱的枝干和老龄树，因此发病轻重与栽培管理、树势强弱有密切关系。

【防治方法】

1）及时剪除病枝、死株，集中烧毁，以减少初侵染源，防止蔓延。

2）适地适树，林粮间作；加强肥水管理，增施有机肥，提高地力，增强树势，提高树体的抗病能力。

3）主干发病时，应及时刮除病部，并用 15% 硫酸铜或 40% 福美胂可湿性粉剂 50 倍液消毒，再涂抹煤焦油保护。

5. 核桃腐烂病（彩图 40）

核桃腐烂病又称黑水病、烂皮病。该病属真菌性病害，主要为害核桃树皮。受害株率可达 50%，高的在 80% 以上。树皮受害后导致枯枝，结果能力下降，甚至全树枯死。核桃腐烂病在同一棵树上的发病部位以枝干的阳面、树干分叉处、剪锯口和其他伤口处较多。同一园中，结果核桃树比不结果核桃树发病多，老龄树比幼龄树发病多，弱树比壮树发病多。该病主要在新疆、甘肃、河南、山东和四川等核桃产区发生。

【症状】

1）幼树发病后，病部深达木质部，周围出现愈伤组织，呈灰色梭形，水渍状，用手指按压时留出液体，有酒糟味。中期病皮失水干陷，病斑上散生许多小黑点。后期病斑纵裂，留出大量黑水。当病斑环绕枝干一周时，即可造成枝干或全树死亡。

2）成年树受害后，因树皮厚，病斑初期在韧皮部腐烂，许多病斑呈小岛状互相串联，周围集结大量的菌丝层，一般外表看不出明显的症状，当发现皮层向外留出黑液时，皮下已扩展为较大的溃疡面。

3）营养枝或 2 年生侧枝感病后，枝条逐渐失绿，皮层与木质剥离、失水，皮下密生黑色小点，呈枝枯状。

4）修剪伤口感染发病后，出现明显的褐色病斑，并向下蔓延引起枝条枯死。

【发病规律】 病菌在枝干病部越冬，待第二年环境适宜时产生分生孢子，借助风雨、昆虫等传播，从伤口、剪锯口、嫁接口等处侵入。病斑扩展要在 4 月中旬~5 月下旬。一般粗放管理、土层瘠薄排水不良、肥水不足、树势衰弱、遭受冻害或盐碱害的核桃树易感染该病。

【防治方法】

1）物理防治：加强栽培管理，立地条件差、土层瘠薄、肥水不足时应增施有机肥料，以增强树势，提高树体营养水平。进行科学的整形修剪，对树冠郁闭的树要疏除过密枝，打开天窗，生长期间疏除下垂枝、老弱枝，调节树体结构，促进其健康生长，提高抗病力，这是防治该病的基本措施。适期采收，尽量避免用棍棒击伤树皮。

2）化学防治：及时检查和刮治病斑并做消毒保护。刮除病斑一般在春季进行，也可在生长期发现病斑随时进行刮治，刮治的范围可控制到比变色组织大出 1 厘米，略刮去一点好皮即可。树皮没有烂透的部位，只需要将上层病皮刮除。病变达木质部的要刮到木质部。刮后涂 4~6 波美度石硫合剂，或者 1% 硫酸铜液进行消毒，或者用 50% 甲基托布津可湿性粉剂 100 倍液。树干涂白防冻，冬季日照较长的地区，在冬季前先刮净病斑，然后涂白，以降低树皮温差，减少冻害和日灼。开春发芽前，6~7月和 9 月，在主干和主枝的中下部喷 2~3 波美度石硫合剂。

6. 核桃白粉病

核桃白粉病主要为害叶、幼芽和新梢，引起早期落叶和死亡。在干旱季节和年份发病率高。

【症状】　最明显的症状是叶片正反面形成薄片状白粉层，秋季在白粉层中生出褐色至黑色小颗粒。发病初期叶片上出现黄白色斑块，严重时叶片扭曲皱缩，提早脱落，影响树体正常生长。幼苗受害后，植株矮小，顶端枯死，甚至全树死亡。

【发病规律】　病菌在脱落的病叶上越冬，待第二年春季气温回升，遇雨水散出孢子，借气流等进行第一次传播。发病后分生孢子多次进行再侵染。温暖而干旱、氮肥多、钾肥少、枝条生长不充实时易发病，幼树比大树易受害。

【防治方法】

1）物理防治：科学施肥，增施有机肥，注意氮、磷、钾肥的合理配比，提高抗病力。合理灌水，加强树体管理，增强树体抗病力。及时清园，消除病原，以减少初侵染源。

2）化学防治：发病初期喷布 0.2 ~ 0.3 波美度石硫合剂，或者甲基托布津 800 ~ 1000 倍液，或者 25% 粉锈宁 500 ~ 800 倍液。

7. 核桃褐斑病

核桃褐斑病由真菌引起，主要为害叶、嫩梢和果实，引起早期落叶、枯梢，影响树势和产量。该病主要发生在我国陕西、河北、吉林、四川、河南、山东等地。

【症状】

1）叶片受害初期出现小褐斑，后扩大成近圆形或不规则形，直径为 0.3 ~ 0.7 厘米的灰褐色斑块，中间为灰褐色，边缘不明显且为黄绿色至紫色，病斑上有黑褐色小点，略呈同心轮纹状排列。严重时病斑连接，致使早期落叶。

2）嫩梢上的病斑呈长椭圆形或不规则形，稍凹陷，边缘为褐色，中间有纵裂纹，后期病斑上散生小黑点，严重时梢枯。

3）果实病斑比叶片病斑小，凹陷，扩展后果实变黑腐烂。

【发病规律】　病菌在病叶或病枝上越冬，第二年春季产生分生孢子，借风雨传播，从伤口或皮孔侵入叶、枝或幼果。5月中旬 ~ 6月初开始发病，7 ~ 8月为发病盛期。多雨年份或雨后高温、高湿时发病迅速，造成苗木大量枯梢。

【防治方法】

1）物理防治：及时清园。采果后，清除病叶、病梢和病果，深埋或烧毁。

2）化学防治：6月上中旬或7月上旬，各喷1次1∶2∶200的波尔多液或50%甲基托布津800倍液，防治效果良好。

8. 苗木菌核性根腐病

苗木菌核性根腐病又叫白绢病，多为害1年生幼苗根系皮层，使其主根及侧根皮层腐烂，地上部枯死，甚至全树死亡。该病在全国各地均有发生。

【症状】 高温、高湿时，苗木根颈部和周围的土壤及落叶表面有白色绢丝状菌丝体产生，随后长出小菌核，初为白色，后转为茶褐色。

【发病规律】 病菌在病株残体及土壤中越冬，多从幼苗的根颈部侵入，遇高温、高湿时发病严重。一般5月下旬开始发病，6~8月为发病盛期，在土壤黏重、酸性土或前作为蔬菜、粮食等地块上育苗的易发病。

【防治方法】

1）物理措施：加强苗木检疫，对苗木加强检疫，以防栽植带菌苗木。选好圃地，避免病圃连作，选排水好、地下水位低的地方为圃地，在多雨区采用高苗床育苗。

2）化学防治：采用种子消毒及土壤处理。播前用50%的多菌灵粉剂按0.3%的比例拌种，对酸性土适当加入石灰或草木灰以中和酸度，可减少发病。此外，用1%硫酸铜或甲基托布津500~1000倍液浇灌病树根部，再将消石灰（氢氧化钙）撒入苗根颈部及根部土壤，或者用代森铵水剂1000倍液浇灌土壤，对病害均有一定的抑制作用。

9. 核桃灰斑病

核桃灰斑病主要危害叶片。

【症状】 叶片受害后产生圆形病斑，直径为3~8毫米，初为浅绿色，后变成暗褐色，最后变为灰白色，边缘为黑褐色，后期病斑上生出黑色小粒点，即病原菌的分生孢子器。病情严重时，造成早期落叶。在河北、陕西核桃产区均有发生。

【发病规律】 病菌以菌丝和分生孢子器在叶片上越冬，第二年春季产生分生孢子，借风、雨传播，引起发病，雨季进入发病盛期，降雨多且早的年份发病重。该病菌主要侵染核桃叶片，产生具有明显边缘的病斑，但病斑不易扩大，发病严重时，每片叶上可产生许多病斑。管理粗放、枝叶过密、树势衰弱的易发病。

【防治方法】

1）物理防治：科学施肥，增施有机肥，注意氮、磷、钾肥的合理配比，提高抗病力。合理灌水，加强树体管理，增强树体抗病力。加强管理，防止枝叶过密，注意降低核桃园的湿度，可减少侵染。及时清园，消除病原，以减少初侵染源。

2）化学防治：发病初期喷布50%可灭丹（苯菌灵）可湿性粉剂800倍液或50%甲基硫菌灵·硫黄悬浮剂900倍液，第一次喷药后，视病情发展情况可每隔10~15天喷1次，病情重的连喷2~3次。

10. 核桃冠瘿病

核桃冠瘿病为细菌性病害，由癌肿野杆菌侵染所致，为害核桃枝干，上生大小不等的瘤，初光滑，以后表面逐渐开裂、粗糙。

【症状】 冠瘿病主要发生在幼苗和幼树枝干、干基部和根部。初期在被害处形成表面光滑的瘤状物，难以与愈伤组织区分。但它较愈伤组织发育快，后期形成大瘤，瘤面粗糙并龟裂，质地坚硬，可轻轻将瘤掰掉，后期表面渐开裂变粗糙，瘤的直径最大可达30厘米。受害树木生长衰弱，如果根颈和主干上的病瘤环周，则寄主生长趋于停滞，叶片发黄而早落，甚至枯死。该病有继续发展的趋势。

【发病规律】 病原在癌瘤组织的皮层内或依附病残根在土壤中越冬，在土壤中能存活2年以下，借灌溉水、雨水等传播，远距离传播的主要途径为苗木调运。从伤口侵入，潜育期达几周至1年以上。在排水不良、碱性、黏重土壤中栽培的核桃常发病重。

【防治方法】

1）物理防治：加强苗木检疫，严禁病苗进入造林地。选用未感染该病、土壤疏松、排水良好的砂壤土育苗。加强栽培管理，注意圃地卫生。起苗后清除土壤内病根；从无病母树上采接穗并适当提高采穗部位；中耕时防止伤根；及时防治地下害虫；嫁接尽量用芽接法，嫁接工具应在75%酒精中浸15分钟消毒；增施有机肥（如绿肥）等。

2）化学防治：如果圃地已被病原污染，可用硫酸亚铁、硫黄粉5~

45千克/亩进行土壤消毒。核桃大树得病后，可用利刀将病部切除，用1%硫酸铜溶液或2%石灰水消毒伤口后，再用波尔多液保护。切下的患病组织应集中烧毁。

二 主要虫害的防治

1. 核桃云斑天牛

核桃云斑天牛俗称铁炮虫、核桃天牛、钻木虫等，主要为害枝干，受害树有的主枝及中心干死亡，有的整棵树死亡。核桃云斑天牛对核桃树来说一种毁灭性害虫。该虫广泛分布于河北、安徽、江苏、山东等地。

【形态特征】

1）成虫：体长32~65毫米，宽9~20毫米，黑褐色，密被灰色绒毛。前胸背板中央有1对肾形白色毛斑。中央两侧各有1个刺突，鞘翅上有不规则的白斑，呈云片状，一般排列成2~3个纵行。鞘翅基部密布光滑瘤状颗粒，占鞘翅的1/4。雌虫触角略长于体，雄虫触角超过体长3~4节。

2）卵：长圆形，黄白色，长8~9毫米，略扁且稍弯曲，表面坚韧光滑。

3）幼虫：黄白色，体长74~100毫米，头扁平，深褐色，半缩于胸部，前胸背板为橙黄色，着生黑色点刻，两侧呈白色，其上有橙黄色半月芽形斑块。前胸的腹面排列有4个不规则的橙黄色斑块，从后胸至第7腹节背面各有"口"字形骨化区。

4）蛹：长40~70毫米，乳白色至浅黄色。触角卷曲于腹部。

【发生规律及习性】该虫因地域不同，1年发生1代，或者2~3年发生1代，以幼虫或成虫越冬，越冬幼虫于第二年春季开始活动，为害皮层和木质部，并在蛀食的隧道内老熟化蛹，蛹羽化后从蛀孔飞出，5~6月交配产卵，6月中下旬为产卵盛期。卵期为10~15天，卵孵化后，幼虫先为害皮层，被害处变黑，树皮逐渐胀裂，流出褐色液体。随着虫体增长，逐渐深入木质部为害，虫道弯曲，不断由蛀孔向外排出虫粪，堆积在树干周围。第一年，幼虫在虫道内越冬，第二年继续为害，老熟后在虫道顶端做蛹室。9月下旬羽化，然后在蛹室越冬。第三年核桃树发枝时，成虫爬出，取食叶片及新梢嫩皮，昼夜飞翔，以晚间活动多，有趋光性。产卵前将树干表皮咬出一个月芽形伤口，将卵产于皮层中间。卵多产在主干或粗的主枝上。每只雌虫产卵40粒左右。

【防治方法】

1）捕杀成虫：利用成虫的趋光性，于5～6月的傍晚，持灯到树下捕杀成虫。也可利用其假死性将树冠上的成虫振落在地后捕杀。

2）人工杀卵和幼虫：在成虫产卵期间或产卵后，重点检查核桃树主干2米以下位置，发现产卵刻槽可用锤敲击，杀死卵或幼虫。发现排粪孔后，用铁丝将虫粪除净，然后堵塞毒签或药棉球，并用泥土封好虫孔以毒杀幼虫。

3）涂白：秋冬季至成虫产卵前，可涂白剂涂于核桃树干基部2米以下，以阻止成虫产卵或杀死幼虫。

2. 刺蛾类

刺蛾类又称洋拉子、八角等，属鳞翅目刺蛾科。幼虫取食叶片，仅留上表皮，叶片出现透明斑。3龄幼虫将叶片吃出许多小洞、缺刻，影响树势。幼虫体上有毒毛，触及人体会刺激皮肤发痒发痛。刺蛾的种类主要有黄刺蛾、绿刺蛾、褐刺蛾和扁刺蛾等。该虫害在全国各地均有发生。

【形态特征】 主要刺蛾的形态特征见表9-1。

表9-1 主要刺蛾的形态特征

刺蛾	成虫	卵	幼虫	茧
黄刺蛾	体长13～17毫米，呈黄色。前翅内半部呈黄色，外半部呈褐色，有2条暗褐色斜纹在翅尖汇合	椭圆形，扁平，浅黄色	长16～25毫米，呈黄绿色，中间有紫斑块，两端宽、中间细，呈哑铃形。身体上有刺，刺上有毒	椭圆形，长12毫米左右，质地坚硬，灰白色，有黑褐色纵条纹
绿刺蛾	体长12～17毫米，呈黄绿色，头顶和胸背皆呈绿色。前翅呈绿色，翅基呈棕色，近外缘有黄褐色宽带	扁椭圆形，翠绿色	体长约25毫米，呈黄绿色，背部具有10对刺瘤且均着生毒毛，后胸亚背线毒毛呈红色，背线呈红色，前胸有1对刺突且呈黑色，腹末有蓝黑色毒毛4丛	椭圆形，黑褐色

（续）

刺蛾	成虫	卵	幼虫	茧
褐刺蛾	体长 17～19 毫米，灰褐色。前翅呈棕褐色，有 2 条深褐色弧形线，两线之间色浅，在外横线与臀角间有 1 个紫铜色三角斑	扁平，椭圆形，黄色	体长 35 毫米，呈绿色。背面及侧面呈天蓝色，各体节刺瘤着生棕色刺毛，以第 3 胸节及腹部背面第 1、5、8、9 节刺瘤最长	椭圆形，灰褐色
扁刺蛾	体长 15～18 毫米，体刺呈灰褐色。前翅呈棕灰色，有 1 条明显的暗褐色斜线，线内色浅，后翅呈暗灰褐色	椭圆形，扁平	体长 26 毫米，黄绿色，背面稍隆起且有白线，贯穿头尾。虫体两侧边缘有瘤状刺突各 10 个，第 4 节背面有 1 个红点	长椭圆形，黑褐色

【发生规律及习性】

1）黄刺蛾 1 年发生 1～2 代，以老熟幼虫在枝条分杈处或小枝条上结茧越冬。第二年 5～6 月化蛹，6 月中旬～7 月中旬开始羽化。8 月中旬第一代成虫羽化产卵，第二代幼虫为害至 10 月。

2）绿刺蛾 1 年发生 1～3 代，以老熟幼虫在树干基部结茧越冬。6 月上旬开始羽化。8 月是幼虫为害盛期。

3）褐刺蛾 1 年发生 1～2 代，以老熟幼虫在土中做茧越冬。

4）扁刺蛾 1 年发生 1～2 代，以老熟幼虫在树下土中做茧越冬。6 月上旬开始羽化。幼虫为害期在 8 月中下旬。

【防治方法】

1）秋季结合修剪，铲出虫茧并深埋。成虫出现期，根据其趋光特性，每天用杀虫灯诱杀成虫。摘除被群集为害的虫叶，并立即埋掉或将幼虫踩死。

2）当初孵幼虫群集未散时，摘除虫较集中的叶片并消灭。喷苏云金杆菌或青虫菌 500 倍液，或者 25% 灭幼脲 3 号胶悬剂 1000 倍液。

3. 核桃瘤蛾

核桃瘤蛾又称核桃毛虫，为鳞翅目瘤蛾科。幼虫为害叶片，是一种暴食性害虫，严重时可将核桃叶吃光，造成二次发芽，枝条枯死，树势衰弱，产量下降。该虫主要分布于山西、河北、河南、陕西等地区。

【形态特征】

1）成虫：体长 8~11 毫米，翅展达 19~24 毫米，呈灰褐色。复眼呈黑色。前翅前缘至后缘有 3 条波状纹，基部和中部有 3 块明显的黑褐色斑。雄蛾触角呈羽毛状，雌蛾呈丝状。

2）卵：扁圆形，直径约为 0.4 毫米，初产时为白色，后变为黄褐色。

3）幼虫：体长约 15 毫米，头部呈暗褐色，腹部呈浅褐色，背部呈棕褐色，胸腹部第 1~9 节有色瘤，每节 8 个，后胸节背面有 1 个浅色十字纹，腹部 4~6 节背面有白色条纹。胸足为 3 对；腹足为 3 对，着生在第 4、5、6 腹节上；臀足为 1 对，着生在第 10 腹节上。

4）蛹：长 10 毫米左右，黄褐色。椭圆形，越冬茧丝质，黄白色，接土粒后呈褐色。

【发生规律及习性】 1 年发生 2 代，以蛹茧在树冠下的石块或土块下、树洞中、树皮缝、杂草内越冬。第二年 5 月下旬开始羽化，6 月上旬为羽化盛期。6 月为产卵盛期，卵散产于叶背面主侧脉交叉处。幼虫 3 龄前在叶背面啃食叶肉，不活动，3 龄后将叶吃成网状或缺刻，仅留叶脉，白天到两果交接处或树皮缝内隐避不动，晚上再爬到树叶上取食。第 1 代老熟幼虫下树盛期为 7 月中下旬，第 2 代下树盛期为 9 月中旬，9 月下旬全部下树化蛹越冬。

【防治方法】

1）在树干上绑草诱杀幼虫。利用老熟幼虫有下树化蛹的习性，可在树干周围半径 0.5 米的地面上堆集石块诱杀。

2）于幼虫为害期，喷布 50% 杀螟松乳油 1000 倍液。

3）利用成虫的趋光性，可用黑光灯诱杀成虫。

4. 核桃举肢蛾

核桃举肢蛾俗称核桃黑，属鳞翅目举肢蛾科。该虫主要为害果实，是造成核桃产量低、质量差的主要害虫。以幼虫蛀入幼果，使幼果皱缩、发黑，种仁发育不良、干缩。蛀蚀果柄，引起落果，造成核桃树产量大幅度下降，使果农经济效益大大受损，在我国山东、四川、贵州、山西、陕西、河南、河北等核桃产区普遍发生。

【形态特征】

1）成虫：体长5~8毫米，翅长12~14毫米，黑褐色，有光泽。复眼呈红色。触角呈丝状，浅褐色，下唇须发达，呈银白色，并从头部前方两侧向上弯曲。前翅呈黑褐色并披长缘毛，额及腹面为银白色。腹部2~6节背面各节有黑色、金色和白色相间的鳞毛，静止时胫节、跗节向侧后方上举，并不时摆动，故名"举肢蛾"。

2）卵：圆形，直径为0.3~0.4毫米，初产时呈乳白色，渐变为黄白色，孵化前呈红褐色。

3）幼虫：初孵时呈乳白色，头呈黄色；老熟时呈黄白色，体长7~9毫米。

4）蛹：纺锤形，呈黄褐色，长4~7毫米。茧呈长椭圆形，褐色，在较宽的一端有1条黄白色缝合线，即羽化孔。

【发生规律及习性】　1年发生1~2代，在山西、河北1年发生1代，在河南1年发生2代，在北京、陕西、四川1年发生1~2代。以老熟幼虫在树冠下的土内或杂草、石缝中或树皮缝中结茧越冬。第二年5月中旬~6月中旬化蛹。成虫发生期在6月上旬~7月上旬，羽化盛期在6月下旬~7月上旬。成虫交尾后，每只雌蛾能产卵35~40粒，卵4~5天孵化。孵化后，幼虫即在果面爬行，寻找适当部位蛀果。初蛀入果时，孔外出现白色透明胶珠，后变为琥珀色。隧道内充满虫粪。被害果青皮皱缩，逐渐变黑，造成早期脱落。幼虫在果内为害30~45天，老熟后出果坠地，入土结茧越冬。早春干旱的年份发生较轻；羽化时，多雨潮湿，发生严重。管理粗放、树势较弱、较潮湿的环境发生较严重。

【防治方法】

1）人工防治：结冻前彻底清除树冠下部枯枝落叶和杂草，刮掉树干基部老皮，集中烧掉。对树下土壤进行耕翻可消灭部分越冬幼虫。在幼虫脱果前及时收埋或烧毁，提前采收被害果，减少下一年虫源。核桃举肢蛾对短波光的趋性较强，可用黑光灯对核桃举肢蛾成虫进行引诱。

2）化学防治：5月下旬~6月上旬和6月中旬~7月上旬，为2个防治关键期。药剂可选择5%高效氯氰菊酯乳油2000~3000倍液，或者2.5%溴氰菊酯乳油2000~3000倍液，或者50%杀螟松乳油1000~2000倍液；每隔10天喷1次，连续喷3次效果较好。

5. 核桃小吉丁虫

核桃小吉丁虫属鞘翅目吉丁虫科，是核桃树的主要害虫之一，在全国各核桃产区均有发生，主要为害枝条，严重地区被害株率达90%以上。以幼虫蛀入2~3年生枝干皮层，或者以螺旋形串圈为害，故又称串皮虫。枝条受害后常表现枯梢，树冠变小，产量下降。幼树受害严重时，易形成小老树或整棵树死亡。

【形态特征】

1）成虫：体长4~7毫米，黑色，有金属光泽。触角呈锯齿状，头、前胸背板及鞘翅上密布小刻点，鞘翅中部内侧向内凹陷。

2）卵：椭圆形，扁平，长约1.1毫米，初产时呈乳白色，逐渐变为黑色。

3）幼虫：体长7~20毫米，扁平，乳白色。头呈棕褐色，缩于第1胸节，胸部第1节扁平宽大，腹末有1对褐色尾刺。背中有1条褐色纵线。

4）蛹：为裸蛹，初呈乳白色，羽化时呈黑色，长约6毫米。

【发生规律及习性】 该虫1年发生1代，以幼虫在2~3年生被害植株上越冬。6月上旬~7月下旬为成虫产卵期，7月下旬~8月下旬为幼虫为害盛期。成虫喜光，树冠外围枝条产卵较多。生长弱、枝叶少、透光好的树受害严重，枝叶繁茂的树受害较轻。成虫的寿命为12~35天。卵期约10天，幼虫孵化后蛀入皮层为害，随着虫龄的增长，直接破坏疏导组织。被害枝条表现出不同程度的落叶和黄叶现象，这样的枝条不能完全越冬。

【防治方法】

1）物理防治：加强栽培管理，通过深翻改土、增施有机肥、适时追肥、合理间作及整形修剪等综合林业技术措施，增强树势，提高核桃树的抗虫害能力。彻底剪除虫枝，消灭虫源。结合采收核桃，把受害枝条彻底剪除，或者在发芽后成虫羽化前剪除，集中烧毁，以消灭虫源。成虫羽化产卵期设置诱饵，诱集成虫产卵，再及时烧掉。

2）生物防治：核桃小吉丁虫有2种寄生蜂，自然寄生率为16%~56%，释放寄生蜂可有效降低越冬虫口数，减少或减轻虫害。

3）化学防治：在成虫发生期，结合防治核桃举肢蛾等害虫进行树冠药剂喷雾，7天喷1次，连续喷3次。树冠上下、内外要喷均匀，若喷后下雨，雨后再补喷。选用10%氯氰菊酯2000倍液或1.8%阿维菌素4000～6000倍液。

6. 核桃扁叶甲

核桃扁叶甲又称核桃叶甲、金花虫，属鞘翅目叶甲科扁叶甲属。该虫以成虫和幼虫取食叶片，食成网状或缺刻，甚至将叶全部吃光，仅留主脉，形似火烧，严重影响树势及产量，有的甚至造成全树枯死。核桃扁叶甲主要分布于黑龙江、吉林、辽宁、河北、甘肃、江苏、山东等地。

【形态特征】

1）成虫：体长约7毫米，扁平，略呈长方形，黑色，有金属光泽。前胸背板呈浅棕色，两侧呈黄褐色，并且点刻较粗。翅鞘点刻粗大。

2）卵：长1.5～2.0毫米，长椭圆形，橙黄色，顶端稍尖。

3）幼虫：老熟幼虫体长8～10毫米，污白色，头和足呈黑色，胴部具暗斑和瘤起。

4）蛹：墨黑色，胸部有灰白纹，腹部第2～3节两侧呈黄白色，背面中央呈灰褐色。

【发生规律及习性】　1年发生1代。以成虫在地面覆盖物中或树干基部皮缝中越冬。华北地区的成虫于5月初开始活动，云南等地于4月上中旬上树取食叶片，并产卵于叶背，幼虫孵化后群集叶背取食，只残留叶脉。5～6月为成虫和幼虫同时为害期。

【防治方法】

1）人工防治：冬春季刮除树干基部老翘皮并烧毁，除去越冬成虫。4～5月成虫上树时，用黑光灯诱杀。

2）化学防治：于4～6月喷10%氯氰菊酯8000倍液防治成虫和幼虫，防治效果好。

7. 木橑尺蠖

木橑尺蠖又称小大头虫、吊死鬼，属于鳞翅目尺蛾科。幼虫对核桃树危害很重。大发生年时，幼虫在3～5天即可把全树叶片吃光，致使核桃减产，树势衰弱。受害叶出现斑点状半透明痕迹或小空洞。幼虫长大后沿叶缘吃成缺刻，或者只留叶柄。该虫主要分布于河北、河南、山东、山西、陕西、四川、台湾、北京等地。

【形态特征】

1）成虫：体长18～22毫米，白色，头部呈金黄色。胸部背面具有棕黄色鳞毛，中央有1条浅灰色斑纹。翅呈白色，前翅基部有一个近圆形的黄棕色斑纹。前后翅上均有不规则浅灰色斑点。雌虫的触角呈丝状，雄虫的触角呈羽状，腹部细长。腹部末端有黄棕色毛丛。

2）卵：扁圆形，长约1毫米，翠绿色，孵化前呈暗绿色。

3）幼虫：老熟时体长60～85毫米，体色因寄主不同而有所变化。头部密生小突起，体密布灰白色小斑点，虫体除首尾两节外，各节侧面均有1个黄白色圆形斑。

4）蛹：纺锤形，初期呈翠绿色，最后变为黑褐色，体表布满小刻点。颅顶两侧有齿状突起，肛门及臀棘两侧有3块峰状突起。

【发生规律及习性】　1年发生1代，以蛹在树干周围土中或阴湿的石缝或梯田壁内越冬。第二年5～8月冬蛹羽化，7月中旬为羽化盛期。成虫出土后2～3天开始产卵，卵多产于寄主植物树皮缝或石块中，幼虫发生期在7月～9月上旬。8月上旬～10月下旬老熟幼虫化蛹越冬。幼虫活泼，稍受惊吓即吐丝下垂。成虫不活泼，喜晚间活动，趋光性强。5月降雨有利于蛹的生存，阴坡越冬死亡率高。

【防治方法】

1）人工防治：用黑光灯诱杀成虫或清晨人工捕捉，也可在早晨成虫翅受潮湿时扑杀。成虫羽化前在虫口密度大的地区组织人工于早春、晚秋挖蛹集中杀死。

2）化学防治：幼虫孵化盛期，在树下喷25%西维因600倍液或50%杀螟松乳油800倍液。

8. 草履蚧

草履蚧又称草鞋蚧，在我国大部分地区都有分布。该虫吸食汁液，致使树势衰弱，甚至枝条枯死，影响产量。被害枝干上有一层黑霉，受害越重黑霉越多。

【形态特征】

1）成虫：雌虫无翅，体长10毫米，扁平椭圆，灰褐色，形似草鞋。雄虫长约6毫米，翅展11毫米左右，紫红色。触角呈黑色，丝状。

2）卵：椭圆形，初产时呈黄白色，后变为暗褐色。卵产于卵囊内，卵囊为白色绵状物。

3）若虫：与雌虫相似，但较小，色较深。

4）蛹：雄蛹呈圆锥形，浅红紫色，长约5毫米，外被白色蜡状物。

【发生规律及习性】 1年发生1代。以卵在树干基部土中越冬。卵的孵化早晚受温度影响。初龄若虫行动迟缓，天暖上树，天冷回到树洞或树皮缝隙中隐蔽群居，最后到一二年生枝条上吸食为害。雌虫经3次蜕皮变成成虫，雄虫第二次蜕皮后不再取食，下树在树皮缝、土缝、杂草中化蛹。蛹期达10天左右，4月下旬~5月下旬羽化，与雌虫交配后死亡。雌虫6月前后下树，在根颈部土中产卵后死亡。

【防治方法】

1）人工防治：在若虫未上树前于3月初刮除树干基部的老皮，涂宽约15厘米的粘虫胶带，粘胶一般配制方法为废机油和石油沥青各1份，加热熔化后搅匀即成；如果在胶带上再包一层塑料布，下端呈喇叭状，防治效果更好。若虫上树前，用6%的柴油乳剂喷洒根颈部周围土壤。采果至土壤结冻前或第二年早春进行树下耕翻，可将草履蚧消灭在出土前，耕翻深度约15厘米，范围稍大于树冠投影面积。5月下旬雌虫下树期间，在树基处挖2~3尺（1尺≈33厘米）的圆坑，放入树叶和杂草，雌虫下树钻入草内产卵，集中消灭成虫。

2）化学防治：草履蚧若虫上树后，可在草履蚧若虫大多处于1龄期时，用高效氯氰菊酯乳油1500倍液或10%吡虫啉可湿性粉剂1500倍液均匀喷洒树体与地面进行防治。同时对发生区以外500米范围内喷药，防止害虫扩散蔓延。

9. 核桃缀叶螟

核桃缀叶螟又称卷叶虫，为鳞翅目螟蛾科。该虫以幼虫卷叶取食为害，严重时把叶吃光，影响树势和产量。核桃缀叶螟分布于全国各核桃产区。

【形态特征】

1）成虫：体长约18毫米，翅展40毫米。全身呈灰褐色。前翅色深，稍带浅红褐色，有明显的黑褐色内横线及曲折的外横线，横线两侧靠近前缘处各有1个黑褐色斑点，外缘翅脉间各有1个黑褐色小斑点。前翅前缘中部有 1 个黄褐色斑点。后翅呈灰褐色，越接近外缘颜色越深。雄蛾前翅前缘内横线处有褐色斑点。

2）卵：球形，呈鱼鳞状集中排列卵块，每个卵块有卵 200 ~ 300 粒。

3）幼虫：老熟幼虫体长约 25 毫米。头及前胸背板呈黑色且有光泽，背板前缘有 6 个白点。全身基本颜色为橙褐色，腹面呈黄褐色，疏生短毛。

4）蛹：长约 18 毫米，暗褐色。茧呈扁椭圆形，长约 18 毫米，形似柿核，红褐色。

【发生规律及习性】 1 年 1 代，以老熟幼虫在土中做茧越冬，距树干 1 米范围内最多，入土深度达 10 厘米左右。6 月中旬 ~ 8 月上旬为化蛹期，7 月上中旬开始出现幼虫，7 ~ 8 月为幼虫为害盛期。成虫白天静伏，夜间活动，将卵产在叶片上。初孵幼虫群集为害，用丝黏结很多叶片成团，幼虫居内取食叶正面果肉，留下叶脉和下表皮呈网状；老幼虫白天静伏，夜间取食。一般树冠外围枝、上部枝受害较重。

【防治方法】

1）人工防治：于土壤封冻前或解冻后，在受害根颈处挖虫茧，消灭越冬幼虫。7 ~ 8 月为幼虫为害盛期，及时剪除受害枝叶，消灭幼虫。

2）化学防治：7 月中下旬，选用灭幼脲 3 号 2000 倍液或杀螟杆菌（50 亿/克）80 倍液或 50% 杀螟松乳剂 1000 ~ 2000 倍液，或者用 25% 西维因可湿性粉剂 500 倍液喷树冠，防治幼虫效果很好。

10. 铜绿金龟

铜绿金龟又称铜绿金龟子、青铜金龟、硬壳虫等，属于鞘翅目丽金龟科。该虫可为害多种核桃。幼虫主要为害根系，成虫则取食叶片、嫩枝、嫩芽和花柄等，将叶片吃成缺刻或吃光，影响树势及产量，在全国各地均有分布。

【形态特征】

1）成虫：长约 18 毫米，椭圆形，铜绿色且具有金属光泽。额头、前胸背板两侧边缘呈黄白色。翅鞘有 4 ~ 5 条纵隆起线，胸部腹面呈黄褐色，密生细毛。足的胫节和趾节呈红褐色。腹部末端两旁外漏。

2）卵：初产时呈乳白色，近孵化时变成浅黄色，圆球形，直径约为 1.5 毫米。

3）幼虫：体长约 30 毫米，头部呈黄褐色，胸部呈乳白色，腹部末节腹面除钩状毛外，有两列针状刚毛，每列有 16 根左右。

4）蛹：长椭圆形，长约 18 毫米，初为黄白色，后变为浅黄色。

【发生规律及习性】　1 年发生 1 代。以幼虫在土壤深处越冬，第二年春季幼虫开始为害根部，5 月化蛹，成虫出现期为 5 ~ 8 月，6 月是为害盛期。成虫常在夜间活动，有趋光性。

【防治方法】

1）人工防治：成虫大量发生期，因其具有强烈的趋光性，可用黑光灯诱杀；也可用马灯、电灯、可充电电瓶灯诱杀。方法是：取一个大水盆（口径以 52 厘米最好），盆中央放 4 块砖，砖上铺一层塑料布，把马灯或充电电瓶灯放到砖上，并用绳与盆的外缘固定好，以防风吹倒，用电灯时直接把灯泡固定在盆上端 10 厘米处。为防止铜绿金龟从水中爬出，在水中加少许农药。或者将糖、醋、白酒、水按 1∶3∶2∶20 的比例配成液体，加入少许农药制成糖醋液，装入罐头瓶中（液面达到瓶的 2/3 为宜），挂在核桃园进行诱杀。

2）利用成虫的假死性，人工振落捕杀。

3）自然界中许多动物都有忌食同类尸体并厌避其腐尸气味的现象，利用这一特点驱避铜绿金龟。方法是：将人工捕捉的或灯光诱杀的铜绿金龟捣碎后装入后塑料袋中密封，置于日光灯下或高温处使其腐败，一般经过 2 ~ 3 天塑料袋鼓起且有臭鸡蛋气味散出时，把腐败的碎尸倒入水中，水量以浸透为度。用双层布过滤 2 次，浸出液按 1∶（150 ~ 200）的比例喷雾。该法对于幼树、苗圃效果特别好，喷后感病率低于 10%。

4）保护利用天敌，铜绿金龟的天敌有益鸟、刺猬、青蛙、寄生蝇、病原微生物等。

11. 大青叶蝉

大青叶蝉又称浮尘子、大绿叶蝉、青叶跳蝉等，属同翅目叶蝉科，在全国各地多有发生。该虫在果树上刺吸危害枝条和叶片，但危害作用最大的是成虫成群结队地在果树当年枝条皮层内产卵，产卵器刺破枝条表皮，使枝条表皮出现月牙状翘起，破坏皮层，造成水分大量散失，抗寒能力下降，影响冬芽萌发或使整段枯死。该虫对幼树的危害尤其明显。危害轻者造成树势衰弱，严重时使全树死亡。

【形态特征】

1）成虫：雌虫体长 9.4~10.1 毫米，头宽 2.4~2.7 毫米；雄虫体长 7.2~8.3 毫米，头宽 2.3~2.5 毫米。头部正面呈浅褐色，两颊微青，在颊区近唇基缝处左右各有 1 个小黑斑；触角窝上方、两单眼之间有 1 对黑斑。复眼呈绿色。前胸背板呈浅黄绿色，后半部呈深青绿色。小盾片呈浅黄绿色，中间横刻痕较短，不伸达边缘。前翅呈绿色且带有青蓝色泽，前缘呈浅白色，端部透明，翅脉呈青黄色，具有狭窄的浅黑色边缘；后翅呈黑色，半透明。腹部背面呈蓝黑色，两侧及末节呈橙黄色且带有烟黑色，胸、腹部腹面及足呈橙黄色。

2）卵：白色微黄，长卵圆形，长 1.6 毫米，宽 0.4 毫米，中间微弯曲，一端稍细，表面光滑。

3）若虫初孵化时为白色，微带黄绿色。头大腹小。复眼呈红色。2~6 小时后，体色渐变为浅黄色、浅灰色或灰黑色。3 龄后出现翅芽。老熟若虫体长 6~7 毫米，头冠部有 2 个黑斑，胸背及两侧有 4 条褐色纵纹直达腹端。

【发生规律及习性】 在北方 1 年发生 3 代，第 1、2 代在农作物和蔬菜上为害，第 3 代成虫迁移到果树产卵，并以卵越冬。第 3 代成虫产卵于果树 1~2 年生枝条上，产卵器刺破表皮，形成月牙形伤口，每个伤口内有卵 7~10 粒。春季果树萌芽时孵化为幼虫，在杂草、农作物、蔬菜上为害。若虫期为 22~47 天，5 月下旬为第 1 代成虫发生期，6~8 月为第 2 代成虫发生期，8~11 月出现第 3 代成虫，各代重叠发生，10 月中旬后则转移到果树上产卵过冬，10 月下旬为产卵盛期。每只雌虫可产卵约 50 粒，夏季卵期达 9~15 天，越冬卵的卵期在 5 个月以上。成虫喜在潮湿背风处栖息，在早晨或黄昏气温低时，成虫、若虫多潜伏不动，午间气温高时较为活跃。

【防治方法】

1）人工防治：茂盛的杂草为大青叶蝉的第 3 代生长及由杂草转向果树创造了条件，因此需要进行果园除草。可翻园压绿或喷除草剂。有条件的果园，灯光诱杀第 1、2 代成虫。对于 1~5 年生幼树，第 3 代成虫产卵前，可在枝干和枝条上涂白。对于必须保留的被害枝梢，在卵孵化前用手压卵。

提示 涂白剂配方为石硫合剂、食盐、黏土各1份，生石灰5份，水20份，再加少量杀虫剂。

2）化学防治：在第3代成虫向果树转移前喷药。9月下旬～10月上旬每隔10天左右喷1遍药，效果较好。对果树、间作物、诱集作物、杂草同时喷药。可选用6%吡虫啉乳油3000～4000倍液或5%啶虫脒乳油5000～6000倍液。

12. 核桃横沟象

核桃横沟象又称核桃黄斑象甲、根象甲，属鞘翅目象甲科，是核桃的主要害虫之一。该虫主要以幼虫在根颈部韧皮层中串食为害为主。幼虫刚开始为害时，根颈部皮层不开裂，开裂后虫粪和树液流出，有大豆粒大小的成虫羽化孔。受害严重时，皮层内多数虫道相连，充满黑褐色粪粒及木屑，被害树皮层纵裂，并流出褐色汁液。由于该虫在核桃树根颈部皮层中串食，破坏了树体的输导组织，阻碍了水分和养分的正常运输，致使树势衰弱，核桃减产，甚至树体死亡。该虫主要分布于陕西、河南、云南、四川等地。

【形态特征】

1）成虫：黑色，体长12～16毫米，宽5～7毫米，头管的长度约为体长的1/3，触角着生在头管前端，膝状。复眼呈黑色，胸背密布不规则的点刻。翅鞘点刻排列整齐，翅鞘的一半处各着生3～4丛棕色绒毛，近末端处着生6～7丛棕褐色绒毛，两足中间有明显的杜红色绒毛，跗节顶端着生尖锐钩状刺。

2）卵：椭圆形，长1.4～2.0毫米，宽1.0～1.3毫米，初产生时为乳白色或黄白色，逐渐变为米黄色或黄色。

3）幼虫：体长14～20毫米，弯曲，肥壮，多皱褶，黄白色或灰白色，头部呈棕褐色。口器呈黑褐色。前足退化处有数根绒毛。

4）蛹：长14～17毫米，裸蛹，黄白色，末端有2根褐色臀刺。

【发生规律及习性】 在陕西、河南、四川2年发生1代。以成虫及幼虫越冬。越冬成虫于第二年3月～4月下旬开始活动，4月日平均气温10℃左右时上树取食叶片和果实等进行营养补充，5月为活动盛期，6月上中旬为活动末期。受害叶被吃成长8～17毫米、宽2～11毫米的长椭圆形孔。果实被吃出长9毫米、宽5毫米的椭圆形孔，深达内果皮，影响树势及果实发育。该虫还为害芽及幼枝嫩皮。

越冬成虫能多次交尾，6月上中旬下树将卵散产在根颈部1~10毫米深的皮缝内，产卵前咬成直径为1.0~1.5毫米的圆孔，产卵于孔内，然后用喙将卵顶到孔底，再用树皮碎屑封闭孔口。9月产卵完毕，成虫逐渐死亡，成虫寿命在430~464天以上。每只雌虫一生最多可产卵111粒。

卵于6月上旬开始孵化，卵期为7~11天。在适宜的温度和湿度下，随着气温升高，卵期缩短。在裸露干燥的环境下，卵不能孵化，2~3天后干死。幼虫孵出1天后，开始在产卵孔取食树皮，随后蛀入韧皮部与木质部之间。90%的幼虫在根颈部蛀食，最深可达45厘米，一般多在表土下5~20厘米深处的根皮为害；距树干基部140厘米远的侧根也普遍受害；少数幼虫沿根颈部皮层向上取食，最高可达29厘米长，但此类虫多被寄生蝇致死。虫道弯曲，纵横交叉，虫道内充满黑褐色粪粒及木屑，虫道宽9~30毫米，被害树皮纵裂，并流出褐色汁液。严重时1棵树有幼虫60~70只，甚至上百余只，将根颈部30厘米左右长的皮层蛀成虫斑，随后斑与斑相连，造成树干环割，有时整棵树枯死。

幼虫为害期长，每年3~11月均能蛀食，12月~第二年2月为越冬期，当年以幼龄幼虫在虫道末端越冬，第二年以老熟幼虫越冬。经越冬的老熟幼虫，于4月下旬当地温度17℃左右时，在虫道末端蛀成长20毫米、宽9毫米的蛹室蜕皮化蛹，5月下旬为化蛹盛期，7月下旬为化蛹末期，蛹期达17~29天。

成虫于5月中旬（四川）或6月中旬（陕西）日平均气温达15.4℃时开始羽化，6月上旬或7月上旬为羽化盛期，8月中下旬羽化结束。初羽化的成虫不食不动，在蛹室内停留10~15天，然后咬孔径为6~9毫米的羽化孔；出蛹室上树进行营养补充，主要取食根颈部皮层，也食害叶片。交尾多在夜间，可交尾多次。在四川于8~9月产部分卵，直到10月，成对或数个在一起进入核桃树根颈部皮缝越冬。成虫爬行快，飞翔能力差，仅做短距离飞行，有假死性和弱趋光性。

该虫食性单一，除为害核桃树外，尚未发现为害其他树种。为害程度与环境因子有关，一般在土壤瘠薄、干燥环境处生长衰弱的树木受害轻，在土层肥厚处生长健壮的树反而受害严重；幼树、老树受害轻，中龄树受害重；随着海拔升高，成虫出现的时间推迟，为害也减轻。

【防治方法】

1）加强田间管理：采取清洁园内卫生，集中烧毁虫枝、虫果、虫叶，减少虫源、整枝修剪、加强土肥水管理等科学管理措施，增强树势，提高核桃树的抗虫能力。

2）人工防治：

① 根颈处涂石灰浆。成虫产卵前，将根颈部土壤扒开，然后涂抹石灰浆后进行封土，阻止成虫在根颈上产卵，防治效果很好，达95%以上。

② 冬季挖开根颈处泥土，刮去根颈处的粗皮，在根部灌入人粪尿，然后封土，杀虫效果也很显著。

③ 冬季结合垦复树盘，挖开根颈处泥土，刮去根颈处的粗皮，降低根部湿度，造成不利的环境条件，使其幼虫死亡。

3）生物防治：利用寄生蝇、黄蚂蚁、黑蚂蚁、白僵菌等天敌抑制核桃横沟象的发生。在6~8月成虫发生期，用2亿/毫升白僵菌液防治成虫。

4）化学防治：

① 林内施放烟剂。应用敌敌畏烟剂防治核桃横沟象，防治效果显著，特别是缺少水源的山地，施放烟剂是理想的防治措施。

② 6~8月成虫发生期，结合防治核桃举肢蛾，喷50%三硫磷乳油1000倍液或50%杀螟松乳油1000倍液。

13. 核桃根结线虫

核桃根结线虫病是由线虫引起的病害，植株根部受害后，先在须根及根尖处形成小米和绿豆大小的瘤状物，随后侧根也出现大小不等、表面粗糙的圆形瘤状物，褐色至深褐色。瘤块内的白色粉状物即线虫雌虫，梨形。发病轻时地上部症状不明显；重时根部根结量增多，瘤块变大、发黑、腐烂，使根系的根量明显减少，须根不发达，影响根的吸收机能。在地上部局部表现为顶芽、花芽坏死，茎叶卷曲或组织坏死及形成叶瘿；全株表现为生长衰弱，矮小，发育缓慢，叶色变浅，叶片萎黄乃至全株死亡。由于地上部症状类似营养不良的现象，尤其在丘陵瘠薄山地发病的幼龄核桃更容易误认为是营养不良所致，往往耽误防治，严重影响核桃的生长和结实。核桃根结线虫病分布比较广泛。

【形态特征】 根结线虫为雌雄异体。

1）幼虫：呈细长蠕虫状。雄虫呈线状，尾端稍圆，无色透明，大小为（1.0～1.5）毫米×（0.03～0.04）毫米。雌虫呈梨形，多埋藏在寄主组织内，大小为（0.44～1.59）毫米×（0.26～0.81）毫米。卵囊通常为褐色，表面粗糙，常附着许多细小的砂粒。每只雌虫可产卵300～800粒。

2）2龄幼虫：虫体呈蠕虫状，体环细。头架中等发达，头冠低，平或稍微凹陷；唇区光滑，无环纹或不明显；口针纤细、直，口针基部球稍圆。

3）卵：椭圆形，产于胶质卵囊中，胶质层薄。卵囊产于根内，不外露，可直接在根内孵化。

【发生规律及习性】 根结线虫本身移动能力很小，主要是通过苗木、土壤、肥料和灌溉水传播。根结线虫多分布在0～20厘米深的土层内，特别是3～9厘米深的土层中线虫数量最多，幼虫、成虫及遗落的卵均可在土中越冬，2龄幼虫侵入寄主后，在根皮和中柱之间为害并刺激根组织过度生长，形成根瘤。一年可进行数次侵染。成虫在土温为25～30℃、土壤相对湿度为40%～70%时生长发育。幼虫一般在10℃以下即停止活动，55℃时经10分钟死亡。感病时间越长，根结线虫越多，发病越重。在无寄主条件下可存活1年。

【防治方法】

1）加强田间管理：深耕土地，将表土翻至25厘米以下，深翻后增施腐熟的有机肥，如鸡粪、棉籽饼，不施用未腐熟的带线虫的有机肥，如此可减轻线虫的发生。及时观察，一旦发现有根结线虫，要及时清除病残体，挖出病土、病根。

2）物理防治：严格进行苗木检疫，拔掉病株并烧毁；选用无线虫的土壤育苗，轮作不感染该病的作物1～2年；避免在种过花生、芝麻、楸树的地块上育苗；深翻土壤可减轻病情。

3）化学防治：可用溴甲烷、氯化苦或甲醛喷洒土壤或熏蒸土壤，用1.8%阿维菌素乳油2000～3000倍液浇灌，浇透病树根主要分布区。

第十章 植物检疫与农业防治

第一节 植物检疫防治

关键知识点：

植物检疫就是一个国家或地方政府通过立法手段和先进的科技防止危险性病、虫、杂草的传播蔓延。危险性病、虫、杂草是指主要通过人类的经济活动和社会活动进行传播，传入后一旦蔓延将给整个生态系统带来严重后果且极难防治的病、虫、杂草。

植物检疫防治的要点：针对危险性极大的有害生物，严格禁止入境。提出允许入境的条件，要求出具检疫证书，说明入境植物和植物产品不带有规定的有害生物，其生产、检疫检验和除害处理状况符合入境条件。

根据《中华人民共和国进出境动植物检疫法实施条例》的规定，进出境动植物检疫的范围包括5个方面：①进境、出境、过境的动植物、动植物产品和其他检疫物；②装载动植物、动植物产品和其他检疫物的容器、包装物、铺垫材料；③来自动植物疫区的运输工具；④进境拆解的废旧船舶；⑤有关法律、行政法规、国际条约或者贸易合同约定应当实施进出境动植物检疫的其他货物、物品。

根据《中华人民共和国进出境动植物检疫法》（以下简称《检疫法》）的规定，不论是入境的还是出境的植物、植物产品及其他检疫物，都要进行审批和报检。检疫方法分为产地检疫、现场检疫、室内检疫和隔离检疫等。检疫结果的处理包括检疫放行、除害处理、销毁或退回和检疫特许审批等。

一　植物检疫的意义

由于受到地理条件（如：高山、海洋、沙漠等）的阻隔，病、虫、杂草的自然传播距离有限，而人的活动（如植物繁殖材料、产品的远距离调运）为危险性病、虫、杂草的远距离传播提供了机会，从而给调入地农业生产带来了潜在威胁。检疫性有害生物一旦传入新的地区，倘若遇到适宜的发生条件，往往造成比原产地更大的危害，因为新疫区的生态系统中还没有对新传入有害生物的控制因素。植物检疫是通过法律、行政和技术手段，防止危险性病、虫、杂草及其他有害生物的人为传播，保障农业生产安全，促进贸易发展的有效措施，也是当今世界各国政府普遍实行的一项制度。一旦发现疫情，就要积极组织开展疫情监测调查及销毁控制和扑灭铲除工作。

二　植物检疫的主要任务

植物检疫的任务主要有 3 个方面：

第一，禁止危险性病虫害随着植物及其产品由国外传入或国内输出，这是检疫的任务。对外检疫一般是在口岸、港口、国际机场等场所设立机构，对进出口货物、旅客所携带的植物及邮件等进行检查。出口检疫工作也可以在产地设立机构进行检疫。

第二，将在国内局部地区已发生的危险性病、虫、杂草封锁，使其不能传到无病区，并在疫区把它消灭，这就是对内检疫。对内检疫工作由地方设立的机构开展。

第三，危险性病、虫、杂草一旦到新的地区，应立即采取彻底消灭的措施。为害植物的病、虫、杂草种类很多，分布很广，而植物及植物产品很多，调运情况又极其复杂。所以，植物检疫不可能也不必要把所有病、虫、杂草都作为实施检疫的对象。而检疫对象是根据以下原则确定的：国内尚未发生的或局部发生的病、虫及杂草；为害严重，传入后可给农林生产造成重大损失的；可以人为地远距离传播的，即随种子、苗木、其他繁殖材料、加工产品或包装物传播的病、虫及杂草。

三　植物检疫的措施

1. 禁止入境

针对危险性极大的有害生物，严格禁止可传带该有害生物的活植物、种子、无性繁殖材料和植物产品入境。土壤可传带多种危险性病原物，也被禁止入境。

2. 限制入境

提出允许入境的条件，要求出具检疫证书，说明入境植物和植物产品不带有规定的有害生物，其生产、检疫检验和除害处理状况符合入境条件。此外，还常限制入境时间、地点，以及入境植物种类和数量等。

3. 调运检疫

对于在国家间和国内不同地区间调运的应行检疫的植物、植物产品、包装材料和运载工具等，在指定的地点和场所（包括码头、车站、机场、公路、市场、仓库等）由检疫人员进行检疫检验和处理。凡检疫合格的签发检疫证书，准予调运；不合格的必须进行除害处理或退货。

4. 产地检疫

种子、无性繁殖材料在其原产地，农产品在其产地或加工地实施检疫和处理，这是国际和国内检疫中最重要和最有效的一项措施。

5. 国外引种检疫

引进种子、苗木或其他繁殖材料，事先需经审批同意，检疫机构提出具体检疫要求，限制引进数量，引进后除施行常规检疫外，必须在特定的隔离苗圃中试种。

6. 旅客携带物、邮寄和托运物检疫

国际旅客入境时携带的植物和植物产品需按规定进行检疫。国际和国内通过邮政、民航、铁路和交通运输部门邮寄和托运的种子、苗木等植物繁殖材料及应施检疫的植物和植物产品等需按规定进行检疫。

7. 紧急防治

对新侵入和核定的病原物与其他有害生物，必须利用一切有效的防治手段，尽快扑灭。我国国内植物检疫规定，已发生检疫对象的局部地区，可由行政部门按法定程序设为疫区，采取封锁、扑灭施。还可将未发生检疫对象的地区依法划定为保护区，采取严格的保护措施，防止检疫对象传入。

第二节 农业防治

关键知识点：

培育健康苗木，及时清扫、处理果园中的枯枝落叶、病虫果和杂草，减少病原菌；合理修剪，调节树势，改善通风透光条件，增强树体的抗病力，防止病菌侵害。加强肥水管理，提高核桃树的营养状况，增强树体的抗病力。

农业防治是为了防治病、虫、草害所采取的农业技术综合措施，调整和改善作物的生长环境，以增强作物对病、虫、草害的抵抗力，创造不利于病原物、害虫和杂草生长发育或传播的条件，以控制、避免或减轻病、虫、草害的危害。主要措施有选用抗病、虫品种，调整品种布局、选留健康种苗、轮作、深耕灭茬、调节播种期、合理施肥、及时灌溉排水、适度整枝打杈、搞好田园卫生和安全运输贮藏等。农业防治如能同物理、化学防治等配合进行，可取得更好的效果。

一 培养健康苗木

苗木是核桃树生产的物质基础。没有核桃苗木，核桃生产就无从谈起，核桃苗木质量的好坏，直接影响到核桃园的建立速度与质量，以及以后核桃园的丰产性能及经济效益，只有品种优良、生长健壮、规格一致的良种壮苗，才能保证核桃生产的需要。有些病害是通过核桃苗木、接穗、种子等传播的。对于这些病害的防治主要是通过培育健壮的苗木。

二 搞好果园卫生

果园内的枯枝落叶、病虫果和杂草等中带有大量的病菌和虫卵，这些病菌和虫卵随枝叶落入土中，若不及时清理，第二年会继续为害果树。因此，要及时清扫、处理果园中的枯枝落叶、病虫果和杂草等。

第一，清除残枝落叶及杂草并集中烧毁。

第二，及时清理地面、树体上的病虫果，集中埋入深 30 厘米以下的土层中。

第三，清除因病虫害致死的植株。

三 重视合理修剪

树体修剪是核桃栽培管理中的重要环节，也是病虫害防治的主要措施之一。合理修剪可以调节树势，优化树体营养分配，促进树体生长发育，改善通风透光条件，增强树体的抗病力，从而达到防止病菌侵害的目的。修剪还可以去除病枝等，减少病原数量。但是剪口也是病菌侵入的途径，如果剪刀上沾有病菌，就很容易使健康的核桃树受侵染。因此，每次修建完毕要对剪刀进行消毒，除去修剪过程中沾染的病菌。

四 科学施肥和排灌

加强肥水管理，可以提高核桃树的营养状况，提高树体的抗病力，达到壮树抗病的目的。核桃园施肥时，结合秋季核桃园施肥深翻，以施腐熟的有机肥为主。6月以后以追施磷、钾肥为主，配合施适量氮肥，在8月喷施0.2%～0.3%磷酸二氢钾溶液，以提高木质化程度。

核桃园的土壤含水量在田间持水量的60%～80%时最有利于核桃树生长。若土壤水分不足，应适时灌水，以浸湿土层0.8～1.0米厚为宜。夏季降水较多，应做好排涝工作。秋季要尽量少灌水，使土壤适当干旱，促进枝条木质化，以增强其越冬能力。另外，在土壤冻结前要灌足封冻水，使树体吸足水分，减少抽条。特别是秋季雨水多，核桃园积水，造成核桃树烂根和落果，枝条徒长，木质化程度差，易产生抽条。核桃园中要规划明暗沟排水系统，及时排水，可避免因涝灾造成核桃树抽条以致核桃树死亡。

五 适时采收和合理贮运

收获果实是核桃栽培的主要目的，若不适时采收，不仅影响核桃果实的产量，还会影响种仁的质量。采收过早，青皮不易剥离，种仁不饱满，出仁率低，加工时出油率低，而且不耐贮藏。提前10天以上采收时，坚果和种仁的产量分别降低12%及34%以上，脂肪含量降低10%以上。过晚采收，果实易脱落，同时青皮开裂后果实在树上停留的时间过长，也会增加受霉菌感染的机会，导致坚果品质下降。深色种仁比例增加，也会影响种仁的品质。脱青皮容易造成坚果破裂，直接影响储存和运输过程中坚果病害的发生和被害程度。

六　依标准使用农药

农药在核桃生产上必不可少，它是防控农业有害生物的主要方法。目前，农产品质量安全已受到消费者越来越多的关注。农药是重要的农业生产资料，但它同时又是有毒有害物质。科学、合理、安全地使用农药不仅关系到农业生产的稳定发展，也关系到消费者的身体健康，关系到人类赖以生存的自然环境。

1. 防治病虫，科学用药

对病、虫等，要采用综合防治（IPM）技术，充分了解病虫害发生规律，做到提前预防。病虫害的发生都需要一个过程，应该在发生初期进行防治，不要等到为害严重了才开始重视，应以不受经济损失或不影响产量为防治标准。要按照植保技术部门的推荐用药，在适宜施药时期，使用经济有效的农药剂量，采用正确的施药方法施药。不得随意加大施药剂量和改变施药方法。

2. 适时、适量用药，避免残留

要掌握好农药的使用剂量，严格按照使用说明提供的剂量使用农药，有的人为了达到效果增加用药量，不但造成农药的浪费，而且还容易产生药害，增加核桃中的农药残留量，污染环境，影响食用者的身体健康；减少用药量，则达不到预期的效果，不但浪费农药，而且误工误时。使用农药时要几种农药交替使用，不要长期使用单一种类的农药，要尽量使用复配农药。长期使用单一种类的农药，容易引起病虫群体产生抗药性，造成果园病虫害的发生与药剂用量的恶性循环，最终导致核桃果实中的农药残留超标。

农药安全间隔期是指最后一次施药至作物收获时的间隔天数。施用农药前，必须了解所用农药的安全间隔期，施药时间必须在农作物的安全间隔期内，保证农产品采收上市时农药残留不超标。

3. 保护天敌，减少用药

田间瓢虫、草蛉、蜘蛛等天敌数量较大时，充分利用其自然控制害虫的作用。应选择合适的农药种类，控制用药次数或改进施药方法，避免大量杀伤天敌。

4. 禁止使用剧毒农药

自 2007 年 1 月 1 日起，我国将全面禁止甲胺磷、对硫磷、甲基对硫磷、久效磷和磷胺 5 种高毒有机磷农药在农业上的使用，至 2018 年，禁用农药品种增加至 39 种。瓜果、蔬菜、果树、茶叶、中药材等作物，严禁使用高毒、高残留农药，以防食用者中毒，严禁使用的高毒农药品种有甲胺磷、氧乐果、甲拌磷、对硫磷、甲基对硫磷、水胺硫磷、毒死蜱、敌敌畏、三唑磷、乙酰甲胺磷、杀螟硫磷 11 种。克百威、涕灭威、甲拌磷、甲基异硫磷等剧毒农药，只准用于拌种、工具沟施或戴手套撒毒土，严禁喷施。

七 充分利用生物防治

生物防治是指利用有益生物或生物制剂来防治害虫。通俗地讲就是以虫治虫，以菌治虫，以鸟治虫。例如，利用鸟防止森林害虫的发生，利用赤眼蜂来防止棉铃虫的发生。采用生物防治要比化学防治更优越，原因是不使用农药，不污染环境，防治效果好，因此具有广阔的应用前景。

1. 保护和利用天敌

核桃园中害虫的天敌大约有 200 多种，常见的也有 10 多种。在果园生态系统中，物种之间存在着既相互制约又相互依存的关系。由于害虫自然天敌的存在，一些潜在的害虫受到抑制，能使核桃园中的害虫种群数量维持在为害水平之下，不表现或无明显的虫害特征。因此，在核桃园中害虫的天敌对害虫的密度和蔓延起到了减少和抑制的作用。在无公害果品生产中，应尽量发挥天敌的自然控制作用，避免采取对天敌有伤害的病虫害防治措施，尤其要限制广谱有机合成农药的使用。同时，要改善核桃园的生态环境，保持生物多样性，为天敌提供转换寄主和良好的繁衍场所。在使用化学农药时，要尽量选择对天敌伤害小的选择性农药。秋季天敌越冬前，在枝干上绑草把、旧报纸等，为天敌创造一个良好的越冬场所，诱集核桃园周围作物上的天敌来果园越冬。冬季刮树皮时，注意保护翘皮内的天敌，生长季节将刮掉的树皮妥为保存，放进天敌释放箱内，让寄生天敌自然飞出，增加核桃园中天敌的数量。

(1) 捕食性天敌 主要的捕食性天敌如下：

1）瓢虫：幼虫和成虫都以害虫为食物，成虫身体有硬鞘，体型似瓢，故名瓢虫。翅鞘和胸背面有条纹或圆斑。幼虫略呈长纺锤形，尾端较尖，灰黑色，只有胸足，无腹足。有些种类还长有刺毛，体背面有红斑。

2）草蛉：成虫和幼虫都以害虫为食物。成虫体长 9 ~ 15 毫米，绿色；翅透明；复眼较大，黑色，有金黄色光泽。触动后分泌特殊恶臭。卵有一丝连于叶片上，卵粒呈椭圆形，很小。幼虫略呈长纺锤形，通常为黄褐色、灰褐色或赤褐色。头上有黑褐色斑纹，口器为一对强大弯管，前口式，胸部各节生有大小不同的毛瘤。有发达的胸足 3 对，幼虫行动活泼。

3）食虫椿象：以捕食害虫为食物的椿象种类很多，统称为食虫椿象。成虫长约 2 毫米，暗褐色。成虫和若虫均以害虫为食，能吸食蚜虫、红蜘蛛、网蝽、叶蝉及一些鳞翅目害虫的卵。

4）捕食性螨：捕食性螨即肉食性螨。在核桃叶背面主脉旁常见有污白色略呈椭圆形且有光亮的螨，以核桃红蜘蛛为食，对控制核桃红蜘蛛的发生起到了很大的作用。

(2) 寄生性天敌　主要的寄生性天敌如下：

1）寄生蜂：成虫把卵产在虫卵或虫体中，幼虫就在其中生活，寄主并不立即死去，继续生长发育，寄生蜂幼虫也随之长成。当寄生蜂老熟时寄主被消耗殆尽早已死去，或至奄奄一息自行死亡。由于有些寄生蜂身体很小，寄生在昆虫的卵中，也有寄生在幼虫身上的，因此对防治核桃苗害虫起着很大的作用。

2）寄生蝇：成虫将卵产在虫体的表皮或刺毛上。幼虫孵化后钻入体内，随寄主的生长而长成，老熟后钻出体外或仍在体内羽化，从而消灭害虫，对控制核桃苗的根象甲有一定作用。

2. 利用微生物或其代谢产物防治病虫

在自然界，害虫常因感染了真菌、细菌、病毒而死亡。人们利用这一特性，将这些微生物经过人工培养制成菌剂防治害虫，可以收到显著的效果。从当前核桃苗害虫防治工作中的生物防治来看，其内容包括自然界天敌对害虫的控制和人为释放天敌消灭害虫，以及使用菌剂防治害虫。核桃苗产区的自然天敌资源非常丰富，从而抑制了很多害虫大发生，或是使一些害虫形成周期性大发生。生物防治往往不需要任何开支，利用自然界的天敌即可把害虫控制在不致为害的程度，是综合防治措施中较为理想的一种方法。利用真菌、细菌、放线菌、病毒和线虫等有害微生物或其他代谢产物，防治核桃树病虫，如喷洒 Bt 乳剂或青虫菌 6 号 800 ~ 1000 倍液对防治核桃刺蛾、尺蠖、潜叶蛾、毒蛾和天幕毛虫等多种鳞翅目初孵幼虫有较好的防效。用农抗120防治核桃树腐烂病,具有复发率低、愈合快、用药少和成本低等优点。

3. 利用昆虫激素防治害虫

利用昆虫激素防治核桃害虫,在核桃生产中应用广泛。昆虫激素可分为外激素和内激素两种。外激素是昆虫分泌出的一种挥发性物质,如性外激素和告警外激素。内激素是昆虫分泌在体内的化学物质,用来调节发育和变态的进程,如保幼激素、蜕皮激素和脑激素。性外激素在果树害虫防治工作中比内激素的使用范围更为广泛,昆虫主要是通过嗅觉和听觉来求得配偶的。人为地采用性外激素大量诱集雌虫,使雌虫失去配偶机会,从而不能繁殖,达到防治害虫的目的。通常使用的方法如下:

(1) 性诱剂迷向法 在昆虫交配期间,通过释放大量昆虫性外激素物质或含性引诱剂的诱芯,与自然条件下昆虫释放的性外激素产生竞争,中断雌雄个体间的性信息联系,以降低虫口密度、减少后代繁殖量的一种防治技术。应用性诱剂迷向法防治害虫,需要在成虫交配活动层空间,存在稳定的生态小气候环境,便于性诱剂气体物质滞留,对雌雄个体间的交配联系起到干扰作用,使雄虫几乎找不到雌虫进行交配,交配率显著下降。性诱剂是一种仿生的化合物,无毒、无公害,成本低廉,使用方便,用它来防治害虫,可减少因滥施农药而造成中毒事件的发生和减轻环境污染,增强自然天敌的控制作用,保持生态平衡,有利于促进农业的可持续发展。性诱剂具有以下优点:

1) 活性强,灵敏度高,一个诱芯能引诱几十米、几百米远的雄虫。

2) 专一性强,选择性高,只对特定害虫发生作用。

3) 用法简单,价格低廉,每亩用1~2个诱芯,有效诱虫时间达1个月,可防治1个世代的害虫。

4) 无毒无害,污染小,属于仿生农药,不污染环境,对人、畜、天敌和作物无毒,无须直接喷施,长期使用不产生抗药性。性诱剂能够更加准确地进行虫情预测预报。它作为预测预报的工具和手段,既是有效的防治措施,又可有效地指导害虫的综合防治。

(2) 诱捕法 把羽化后尚未交尾的雌虫腹末3节剪下,浸在二氯甲烷、乙醚、丙酮、苯等溶液中,将组织捣碎滤出残渣,然后蒸去滤液中的溶剂,即可得初提物,可用于喷洒。

第十一章　主要自然灾害的防御

核桃栽培生产过程中经常遇到自然灾害，主要包括冻害、早春晚霜危害和冬季抽条等。

第一节　冻害的防治

关键知识点：

冻害是指冬天受到低温，特别是剧烈的变温使树体器官和组织受害。低温对核桃树的影响主要有 2 种类型：一是在冬季休眠期绝对低温的出现，若低温超出了核桃树在休眠期能忍受的低温范围就会产生冻害；二是秋末冬初或早春的早春晚霜冻害。

冻害的防治要点：采用适当的栽培技术措施和管理方法，可以在一定程度上减轻甚至避免核桃树冻害的发生。科学规划，适地适树，加强肥水管理，提高树体的抗寒能力。树干涂白，幼树新梢摘心，埋土防寒。

一　冬季冻害的种类

1. 严寒冻害

严寒冻害是指深冬温度低于核桃树所能耐受的极限温度且持续时间较长对核桃树枝干所造成的冻害。这种冻害较轻时，雄花芽、叶芽（含混合芽）受冻，鳞片开裂、芽体干枯。较重时，主干或骨干枝冻裂，根茎以上韧皮部、形成层、木质部乃至髓心变褐，或者形成局部冻斑，再严重的会导致根茎及树干韧皮部、形成层、木质部、髓心全部变褐坏死。

核桃幼树在 −20℃条件下就出现冻害，成龄树最低可耐 −30℃低温，但在 −28～−26℃低温时，枝条、雄花芽和叶芽均受到冻害。如果低温持续时间长，−22℃的低温也可造成枝条、雄花芽和叶芽的冻害。

2. 冻融交替引起的冻害

暖冬、初冬或早春季节，如果昼夜温差过大，白天气温在0℃以上，并且天气晴朗，夜间寒冷，气温在 −10℃以下，夜间树干细胞液结冰，白天13：00～15：00太阳直射处的树干韧皮细胞液融化，夜间细胞液再结冰，如此反复多次，就会造成该部位细胞损伤，形成冻害。这种冻害的主要症状是树干西南方位皮部组织变褐，形成冻斑，并且靠近根颈处最易受冻。

3. 初冬冻害

初冬冻害偶有发生，其发生原因是初冬季节核桃树体尚未正式进入休眠期，生长旺盛的幼树和立地条件好的初果期树还没有完全落叶或刚开始落叶，树体内部代谢依然比较旺盛，枝条组织的抗低温能力较差，如遇骤然降温会使树体韧皮部和形成层受到伤害。这时的冻害以枝干为主，并且以幼树和旺长树为主，主要表现是枝条韧皮部和形成层组织变褐，继而造成枝条枯死。严重的可造成5～10年生枝干局部或全部韧皮部、形成层组织变褐甚至死亡。

二 冻害的主要防治措施

核桃树发生冻害的主要原因是气候，但核桃本身贮存营养状况和枝条的充实程度也是影响冻害程度的重要因素。采用适当的栽培技术措施和管理方法可以在一定程度上减轻甚至避免核桃树冻害的发生。

1. 科学规划，适地适树

为了避免因冻害造成的损失，必须根据核桃的生物学特性和自然分布特点，明确适宜栽培区和次适宜区，在此基础上，再根据适宜栽培区内的局部小气候特点、土壤和肥水状况进行规划。

2. 加强管理，提高树体的抗寒能力

一是加强肥水管理，提高树体的营养水平，重施有机肥，每年果实采收后至10月下旬尽可能早地施入有机肥，利用秋季根系生长高峰期，提高树体贮藏营养的水平；生长季节前期，根据树体生长和结果需要，及时施入足量的速效肥，并及时灌水。生长后期，控制氮肥和浇水，避免秋后新梢旺长。二是做好疏花疏果工作，合理调节结果量，避免因结果过多而影响树体营养积累，降低越冬抗寒能力。

3. 越冬前树干涂白

入冬以前，对核桃树主干和一级骨干枝基部涂白，可以提高核桃树枝干的抗寒能力，特别是可以避免冻融交替对树干的伤害。涂白剂配方为：石硫合剂0.5千克、生石灰5千克、食盐0.5千克、动物油0.5千克、水20千克。在休眠期涂刷树干还可以防治腐烂病、溃疡病等。

4. 幼树防寒

结果以前的幼树，包括刚改接的树，新梢生长旺盛，停止生长晚，越冬时枝条组织充实程度差，容易发生冻害或抽条。主要预防措施如下：

（1）加强肥水管理　在正常施入基肥和追肥的基础上，注重叶面喷肥，6月以前喷0.3%～0.5%尿素，促进新梢和幼树快速生长，扩大树冠。进入7月后喷施0.3%～0.5%磷酸二氢钾，每隔12～15天施用1次，提高新梢组织的充实程度。8月以后要注意肥水，并减少浇水和氮肥的施用，以避免秋梢徒长。

（2）摘心　8月底～9月初，对没有正常停止生长的幼树新梢要进行人工摘心，强制其停止生长。如果摘心后出现二次生长，保留2片叶进行二次摘心。

（3）埋土防寒　栽后1～2年的幼树，将树干向嫁接口的反方向压倒埋土防寒，埋土厚度要达到20厘米以上。这是幼树防寒最有效的措施。聚乙烯涂干：对树体较大无法压倒的，可以在入冬以前用聚乙烯涂抹幼树的所有枝干和新梢，然后在幼树基部堆1个高30～40厘米的土堆，对防止早春新梢抽条也有较好的效果。

第二节　晚霜害的防治

 关键知识点：

选栽萌芽晚抗晚霜品种，人为推迟萌芽期，避开晚霜危害。若霜冻已发生，应采取积极措施，加强各项技术管理，特别是肥水管理、叶面喷肥，使其迅速恢复树势。

一 晚霜的危害

我国北方早春正值冷暖过渡季节，经常受到冷空气的侵袭，气温突降，使正在解除休眠的核桃树遭受低温伤害；寒潮来时，如果核桃园局部气温降到 -2 ~ -1℃，则会凝霜，使核桃树遭受到霜害。晚霜能使萌动的芽、花、幼叶都受伤害。当萌动的芽受伤害后，外表变为褐色或黑色，鳞片松散，不能萌发，而后干枯脱落。在花蕾和花期，花器中以雌蕊最不耐寒，遇轻霜即可受害，虽能正常开放，但不能受精结果；霜害严重时，花瓣变色脱落，雄蕊冻死。

二 晚霜害的主要防治措施

1. 选择适宜的园址，选择抗冻品种

一般山区或缓坡地带建园较好，要选栽抗霜冻力较强、开花较晚、生长期较长的品种和树种，更要营造核桃园防护林带，以改变核桃园小气候。

2. 人为推迟萌动时期，避开晚霜危害

第一，保暖预防。在花芽露白或花蕾开裂期可喷滑石粉 200 ~ 300 倍液，可对花器起到"穿衣戴帽"的保护作用。

第二，改变核桃园的小气候。根据当地气象部门的霜冻预报，可以采用物理防御方法防霜冻。

第三，树干涂白。春季对树干和主枝涂白，既能防治病虫害，又可以减少太阳热能的吸收，延迟花期 3 ~ 6 天，这在春季温度变化剧烈的渭北地区，效果尤为突出显著。

第四，人工喷水和喷肥。利用微喷设备在树体上喷水，水遇冷凝结时可以放出潜热，增加温度，减轻冻害。根外喷肥佑果蔬、磷酸二氢钾或天然芸苔素 481，可壮树防病，提高细胞液浓度，增强抗冻性，提高坐果率。

第五，春季灌水。萌芽前灌水能降低土温并延迟物候期，萌芽前后至开花前灌水 1 ~ 2 次。由于土壤含水量较高，水的热容量大，使地面的气温下降缓慢，这样可以补充树体水分，而且减轻地面辐射，增加空气温度，可提高地温 3 ~ 5℃，延迟开花，灌水时间以霜冻前 3 ~ 7 天最好。无

灌水条件的可在早春覆草，通过覆草使早春表土地温上升缓慢，根系活动推迟，以使花期推迟 3 ~ 5 天。

第六，熏烟法。在气象部门预报可能发生霜冻的夜晚在核桃园内点火熏烟，使雾笼罩于核桃园上空。既可减少土壤热量的辐射散发，又可使烟粒吸收湿气，使水分凝结形成液体而放出热量，提高气温。常用的熏烟方法是用易燃的干草、秸秆、树锯末加上潮湿的树叶混合堆放在一起，外覆一层薄土，发烟堆应分布于核桃园的四周及中间，上风头应多一些发烟堆，以利烟雾迅速布满全园。这样可提高温度 2 ~ 3℃，效果显著。应注意的事项：一是熏烟时间不能太晚，应在霜冻出现前 2 ~ 3 个小时点火发烟；二是不能明火熏烟，明火发烟少，暗火浓烟多；三是应预防火灾；四是熏烟应实行联合行动，到时候一齐行动，狼烟滚滚，在核桃园上空形成一个大的烟雾罩，把果园整个保护起来；五是熏烟时间不能太短，应坚持整夜进行。

第七，加强综合管理增强树势及树体的抗霜冻能力。搞好病虫防治、合理负载等，都可增强树势及树体的营养贮存，提高抗寒力。

第八，加强晚霜害后的管理工作。若霜冻已发生，更应积极采取措施加强各项技术管理，特别是叶面喷施硼（0.3%）和尿素（0.3% ~ 0.5%）或磷酸二氢钾，可使其迅速恢复树势；同时对晚开花没有受冻危害的树及时进行人工授粉，以提高坐果率；加强病虫防治，保护好叶片，搞好前促后控的肥水管理及各项配套措施，以充分提高树体营养贮藏水平，为优质丰产奠定基础。

第三节　抽条的防治

 关键知识点：

合理施肥以促进枝条早停止生长，提高木质化程度，增强持水能力。秋季要少灌水，使土壤适当干旱，促进枝条木质化，增强其越冬能力；灌足封冻水，使树体吸足水分，减少抽条。新梢进行摘心，增加枝条的粗度和积累养分，防枝条徒长。

一　抽条的原因

核桃树越冬后枝干失水干枯的现象叫抽条，抽条又称灼条，在核桃树上比较常见，往往还伴有冻害、日烧发生。核桃树越冬抽条主要是越冬准备不足的核桃树受冻旱影响所造成的。所谓冻旱，就是冬春期间（主要是早春）由于土壤水分冻结或地温过低，根系不能或极少吸收水分，而地上部枝条的蒸腾强烈，造成植株严重失水的现象。它是由于核桃树吸水和失水（蒸腾）不平衡造成的。核桃树抽条与外界气候影响特别大，冬春期间冻土深，解冻迟而地温低，早春气候干燥，多风而水分强烈蒸发，容易造成抽条。此外，核桃品种、核桃本身贮存营养状况和枝条的充实程度差也是造成抽条的主要原因。

二　抽条的主要防治措施

1. 选择抗寒性强的品种

要选择抗寒性砧木，在核桃产区，以选用当地核桃作为砧木为宜。在品种选择上，应优先选择地方优良核桃树品种，如鲁果 12 号、西洛 1 号等，避免发展不抗寒的核桃树品种。

2. 合理施肥

核桃园施肥时，结合秋季核桃园深翻，以施腐熟的有机肥为主。一般施有机肥 3000～4000 千克/亩，6 月以后以追施磷、钾肥为主，配合施适量氮肥，在 8 月喷施 0.2%～0.3% 磷酸二氢钾溶液加 15% 多效唑 500 倍液，每隔 10 天喷 1 次，共喷 2～3 次，以促进枝条早停止生长，提高木质化程度，增强持水能力。

3. 适时灌水与排水

核桃园的土壤含水量在田间持水量的 60%～80% 时最有利于核桃树生长，若土壤水分不足时应适时灌水，以浸湿土层 0.8～1.0 米厚为宜。秋季要尽量少灌水，使土壤适当干旱，促进枝条木质化，以增强其越冬能力。另外，在土壤冻结前要灌足封冻水，使树体吸足水分，减少抽条。特别是秋季雨水多，核桃园积水，造成核桃树烂根和落果，枝条徒长，木质化程度差，易产生抽条。核桃园中要规划明暗沟排水系统，及时排水，可避免因涝灾造成核桃树抽条以致核桃树死亡。

4. 加强中耕除草

5～6月核桃园在灌水或雨后结合追肥浅锄2～3次，深度为10～15厘米，从而达到消灭杂草、疏松土壤、蓄水保墒、促进根系生长，使核桃树生长健壮，枝条充实，以防止核桃树抽条。

5. 合理修剪

夏剪是核桃树幼树修剪的重点，在4月要及时抹除多余的芽枝，减少养分消耗。5～6月对枝条进行摘心，以增加枝条的粗度，积累养分。9月初对旺长的核桃树枝条进行摘心，防枝条徒长。冬季修剪采用短剪和疏剪的方法，及时剪去多余的无效枝，减少养分消耗，改善通风透光条件，增强树体的抗性。

6. 防治大青叶蝉

9月末～10月初在大青叶蝉雌虫产卵前，喷施20%叶蝉散乳油800倍液2～3次，7～10天喷1次。结合冬季修剪，剪除被害枯梢烧毁。

7. 树干涂白

在越冬前，用石硫合剂0.5千克、生石灰5千克、食盐0.5千克、动物油0.5千克、水20千克配制树木涂白剂。涂抹核桃树树干和大枝，以确保核桃树安全越冬，同时还可防治核桃小吉丁虫为害。

8. 喷保护膜

在抽条发生期前喷羧甲基纤维素150倍液，每隔20天喷1次，喷2～3次。用聚乙烯醇涂干。聚乙烯醇∶水＝1∶（15～20），先将水烧至50℃左右，然后加入聚乙烯醇（不能等水烧开后再加入，否则聚乙烯醇不能完全溶解，溶液不均匀），随加随搅拌，直至沸腾，然后用文火熬制20～30分钟后即可。待温度降到不烫手后使用。涂刷幼树枝干，或者喷施核桃枝干，该方法对大树枝干防寒效果较好。

9. 采用地面覆盖技术

核桃树栽植后，及时给核桃树覆盖地膜，可以起到提高地温，防旱保墒，防止杂草生长，从而增强树势和抗高核桃树抗性的作用。也可在封冻前，采用树盘周围铺30～40厘米厚的马粪，在马粪上封一层土。待土壤化冻后，将其翻入土中，同样起到增温、施肥、保墒的作用。

第四节　风害的防治

关键知识点：

建设防护林是降低风速、提高局部空气温度、增加湿度的有效措施。整形修剪时应注意开张迎风面的主枝角度，降低树干、树冠高度等。通过科学合理地施用肥料，达到适度控制树冠生长的目的。

 风害的概念

核桃为风媒传粉，风对其生长结果有直接影响；也有间接影响，如促进气流交换，改变空气温度、湿度状况。这些影响的大小，取决于风速的大小。微风、小风可以促进空气中的二氧化碳流动，降低核桃园的温度、湿度，有利于叶片光合作用和蒸腾作用，减少核桃树病害的发生；微风还可以促进花粉传播，提高坐果率。大风、暴风对核桃树有害，能使树冠偏斜生长，干热风加重旱灾；结果期遇大风，可造成落果、枝干劈裂；冬季大风，会刮走核桃园中的积雪，加重枝干、花芽冻害。

风害是强风给核桃树带来的损害。风速超过10米/秒时，可造成核桃树的生理和机械两种危害；风能改变空气的温度和湿度，吹走气孔间隙的水蒸气，加强蒸腾作用，使叶片的气孔关闭，光合作用强度降低，从而导致树木枯顶，甚至枯萎。当风速为13~16米/秒时，能使树冠表面每平方米受到15~20千克的压力，核桃叶片大，对大风的阻力大，同样大风对核桃枝条的作用力也大。大风吹动枝叶，使其相互摩擦、冲撞，致使枝叶受伤，病菌易侵入，导致树木发生病虫害，树势减弱。核桃枝条髓心大，木质部质地较松，对大风的承载能力有限。如果遇到风雨交加的天气，枝条很容易断裂，特别是刚刚枝接的树，伤口还没有完全愈合，一定要防止风害。

 风害产生的原因

1. 树种特性

核桃树干高、冠大、枝叶茂密，抗风力弱，风害较重。

2. 环境条件

核桃树作为行道树栽植，如果风向与街道平行，风力汇集成风口，风压增加，风害会随之加大。如果种植核桃的地势低洼，排水不畅，雨后积水，造成土壤松软，风害会显著增加。风害也会受土壤质地的影响，如果种植地土质偏沙或为石砾土，则因土壤结构性差、土层薄，导致抗风性差。

3. 人为因素

核桃树移栽时，特别是大树移栽，如果根盘起得小，则因树身大，易受风害；栽植密度适宜，根系能自由扩展，则抗风力强。反之，如果植株行距过密，根系发育不好，再加上护理跟不上，风害会显著增强。核桃为深根性树种，栽植穴应适当加大，如果栽植穴过小，树木会因根系不能舒展而发育不好，重心不稳，也会导致风害加强。

三　风害的主要防治措施

1. 栽植防护林

防护林的主要作用是降低风速，提高局部空气温度，增加湿度等。防护林树种在选择时应尽量就地取材，选用风土适应性强、生长速度快、寿命长，与核桃无共同病虫害，并有一定经济价值的树种。核桃园常选用树冠上下均匀透风的疏透林带或上部不透风、下部透风的透风林带。为加强对主要有害风的阻挡，通常采用较宽的主林带，一般宽约 20 米。另外设 10 米宽的副林带，以阻挡其他方向的有害风。

防护林常以乔木、小乔木和灌木组成。行距为 2.0～2.5 米，株距为 1.0～1.5 米。为防止林带遮阴和树根伸入核桃园影响核桃树生长，一般要求南面林带距核桃树 20～30 米，北面林带距核桃树 10～15 米。

2. 合理整形修剪

核桃树整形修剪应考虑当地可以造成风害的情况。春季多同一方向大风时，常能吹弯树干，使树冠偏斜，整形修剪时应注意开张迎风面的主枝角度。在沙地果园又多大风时，整形时要注意降低树干、树冠的高度。沿海滩涂、山岭上部多风，除采用低干、矮冠外，对结果树要支撑、吊枝，防止风害损失。在低洼平地，树干宜稍高些，下层枝叶也不要接近或铺到地面，要留出一定的冠下空间，使冠下风光通透，地面见光、见干，不可形成长期阴湿的环境。

3. 枝接后绑缚支架

接穗成活后，接芽萌发迅速，枝嫩复叶多，易遭风折。因此，可在新梢长到 20 厘米时，在旁插 1 根木棍，用绳将新梢和木棍绑结，起固定新梢和防止风折的作用。大树移栽时一定要立支柱，以免树身被风吹歪。

4. 科学施肥

通过科学合理的施用肥料，达到适度控制树冠生长的目的。生长季节前期适当控制氮肥的施用，防止徒长；合理调整氮、磷、钾的比例，增强树干的硬度，既节约了管理成本，又达到了良好的抗风效果。

第十二章 核桃良种繁育技术实例

 关键知识点：

1）核桃硬枝生根的技术要点：①核桃苗木平埋，苗根系床和生根床要隔离；②生根床要遮阴保湿，苗根系床土壤肥沃；③生根床生长出新梢后，浇 ABT 生根液。

2）核桃春季枝接的技术要点：①接穗削面长度宜大于 5 厘米，并且要光滑；②接穗插入砧木接口时，必须使砧、穗的形成层相互对准密接；③蜡封接穗接口要用塑料薄膜包扎严密，绑缚松紧适度，对未蜡封的接穗可用聚乙烯醇胶液（聚乙烯醇∶水 = 1∶15，加热溶解而成）涂刷接穗以防失水。

3）芽接成活的技术要点：①现采取生长中的半木质化的当年新梢作为接穗；②选择晴朗天嫁接，接后 3 天内不遇雨，易于成活；③因核桃芽大，叶柄基部大，故芽片也需大，方块状芽接口要远大于芽片；④剥取芽片时注意勿碰掉芽片里面的护芽肉（维管束）；⑤方块芽接口下角要留 3~5 毫米的放水口；⑥嫁接时间宜在 7 月上旬之前，芽接成活后有较长的生长期，可安全越冬。

一 核桃硬枝生根无性繁殖技术

1. 苗床的准备

苗床用于生根材料平栽、平埋，由苗根系床和生根床组成，两床之间在嫁接苗的嫁接口处或实生苗的根茎处用带 U 形口的塑料板隔开。苗根系床宽 50 厘米，深 50 厘米。苗根系基质由优质土壤、腐熟好的农家肥和珍珠岩按 3∶1∶1 混合组成。生根床深 25 厘米，宽度根据苗木嫁接口以上枝条的长度而定。生根基质为过筛的干净的河沙或草炭土或过筛的干净的河沙与田园土按4:1混合组成。生根基质喷施80%多菌灵可湿性粉剂800倍液杀菌消毒，以防病菌滋生（图12-1）。

图12-1　苗床示意图

2. 生根材料的处理

苗木的标准为：芽饱满，枝条完全木质化、粗壮、根系发达、无病虫害。土壤解冻至苗木萌动前，挖出生根材料，剪除烂根，短截过长根及断根，并将苗木冲洗干净，喷施80%多菌灵可湿性粉剂800倍液，杀菌消毒。

3. 生根材料上床平栽、平埋

3月上旬（苗木萌动前），把苗木根系平栽在苗根系床内；嫁接苗的接口、实生苗根茎以上的枝条平放在生根床内，平埋到生根床上。塑料隔板U形口卡在嫁接口或根茎上，以分开苗根系床和生根床。相邻苗间隔

20~30厘米。用苗根系床基质填埋苗木根系，踏实后高出根系20厘米，浇透水；用生根床基质填埋生根床，厚20厘米左右，浇透水，覆盖草帘保湿。

4. 平埋后的管理和生根剂处理

苗木根系床要保持良好的墒情，及时浇水、施肥和除草。生根床每周喷1次水，保持其一定的湿度而不干燥。平埋后15~20天，苗木干上萌生嫩枝（图12-2），及时去除嫁接口以下（苗根系床内）的嫩枝。一般平埋20~30天，每个新梢长出3~4对复叶时，第一次沿新梢基部浇施70毫克/千克的ABT1号生根粉溶液（图12-3）。此后，间隔30天浇施1次，共浇施3次。

图 12-2　生根材料平栽硬枝侧芽萌发

图 12-3　ABT1 号生根粉处理生根材料硬枝的生根效果

二 核桃大树综合配套改接技术

近年来，国家高度重视木本粮油的发展，已经把发展木本粮油作为提升粮油安全保障能力的重要战略举措。北方地区以核桃为主的木本油料作物，是典型的生态经济兼容性树种，尤其适合在山区发展。核桃被列为重点优势发展树种之一。我国山区占国土总面积的69%，山区人口占总人口的56%，90%的贫困县分布在山区，解决山区农民脱贫致富问题主要靠林业，而核桃等木本粮油树种主要适合于山区发展。国家已经明确，发展木本粮油应当作为山区农村经济发展重点产业和扶贫开发的主攻方向，重点加以扶持。鉴于以上政策的大利好，近年核桃发展势头迅猛，种植面积迅速增加。仅山东省核桃发展面积已达到250万亩。然而，随之问题也不断出现。品种不合理、经营规模不合理、栽培密度不合理、管理方式不合理、病虫害严重等，严重影响了农民发展的积极性。现在，我国核桃低产园占种植面积的30%以上，优质果率在50%以下，亩产量仅为国家丰产标准（150千克）的60%偏下。为解决以上诸多问题，必须加大对低产园的改造力度，对现有栽培制度进行改良，使已有核桃园提质增效，大力推行高位换接，提高核桃栽培的经济效益。若改接成新品种，第二年就可结果，4～5年恢复树冠，5年后经济效益就可提高3倍以上。但是20世纪80年代以前，核桃大树只采用春天硬枝改接，由于技术难度大，成活率低，改接树往往只成活1～3棵，树冠恢复慢、管理不当时，因树根大、树头小，常整棵树枯死。我们通过几年的试验，成功地把方块芽接技术应用于大树改接，弥补了单用硬枝接的不足，使树冠能提前2～3年恢复，第5年可丰产。

1. 改接树的选择

（1）成龄树 树龄在10年以上，可选择20年生以下、低干、小冠的进行改接。这类树改接操作方便。

（2）初结果树 树龄在6～10年，这类树大多已成片栽植，不宜一次性全部改完，应逐年改接。对过密栽植的可隔行隔株改接，待改接树成活后再间伐未改接树。

（3）幼树 树龄在6年生以下。这类树应全部改接，重点应用方块芽接法。因为这类树硬枝接头少，成活率低，利用芽接可提高成活率。

2. 立地条件选择

改接树的立地条件应为土层深厚，肥水条件一般，树体生长旺盛。对山岭薄地栽植的核桃树，应扩大树穴，加深土层，改良土壤，待树势变强后再进行改接。否则，改接后的树会因营养不足而死亡。

3. 改接品种的选择

早实、矮冠、短枝型品种（如岱香、辽核 1 号等）丰产性强，树冠小，适宜肥水条件较好的园地选用，尤以密植栽培为宜。早实而树势较旺的品种（如香玲、鲁光、中林 1 号等），可在肥水条件中等、土层较厚、无灌溉条件，但管理精细的园地应用。果材兼用型品种（如鲁核 1 号）可在管理较粗放的园地及林粮间作和道路绿化的实生树上改接。

4. 接穗的采集与保存

供春季枝接的接穗，应在发芽前 20～30 天采集，也可在上一年落叶前采集。接穗的粗度应在 1.5 厘米左右，要求髓心小、枝条充实、芽饱满、无病虫害。接穗采集后去掉梢部，剪成 50 厘米左右，每 50 条一捆，放入塑料袋，存放在 0～5℃ 的恒温库内，嫁接时随用随取，注意保湿。也可在背阴地沟和地窖内贮藏，但嫁接成活率不如恒温库内贮藏的高，而且嫁接时期短，嫁接时期接芽容易发芽萌动，降低成活率。芽接所用接穗一般是随接随采。因为北方地区芽接时期在 6 月～7 月上旬，天气较热，不宜长期贮藏，贮藏时期越长，嫁接成活率越低。所以，芽接接穗的贮藏期不能超过 3 天。芽接用接穗必须是发育较好、小于半木质化的当年新梢，特别幼嫩的新梢也不宜作为接穗。新梢基部的芽太瘪不能用，芽座太大的芽也不宜用。

5. 嫁接时间

枝接只要砧木发芽即可嫁接。黄河流域适宜的嫁接时间为 3 月下旬～5 月上旬，为期 40～50 天。若过早，砧木不离皮；过晚则树体营养消耗过多，成活率低，并且影响当年新梢生长。芽接在泰安地区为 6 月中旬～7 月上旬，过早则芽发育不好，过晚则接芽萌动抽生新梢短，木质化程度低，不能安全越冬。7 月中旬以后，北方地区正值雨季，芽接成活率也低。

6. 改接头数

改接头数取决于改接树的大小，改接头数要求尽量多，根据原树形进行改接，尽可能地不破坏原来的树形结构。干周在 50 厘米以上的低产树，改接头数不能少于 10 个，最多可达 20 个。干周在 40 厘米以下的，高接头数不能少于 5 个。干周在 20 厘米以下的幼树，可实行单头改接。

7. 伤流的控制

伤流是影响核桃嫁接成活的关键因素之一。为防止伤流，不让树液从接口处溢出，影响接穗成活，春天枝接时，需在高接的主枝和主干下端离地面 20 厘米以上处锯 2～3 个锯口，锯口的深度为主干或主枝直径的 1/4～1/5，如有的年份伤流过大，可适当加深。锯口要上下错开，以使伤流外溢又不影响树体生长为宜。伤流的多少受各方面因素的影响，如气温、降水等，高接时，一定要在主干上锯好放水口。

8. 嫁接方法

(1) 枝接法 枝接法具体如下：

1）插皮接：接穗未离皮时采用此法。

① 接穗的削取：把接穗下端削成 5～8 厘米长的马耳形切面，削面要平滑，然后将削面两侧的皮层稍削去一部分以露出新皮为度，前端削成薄舌状，注意下端的第一个芽要在削面背面，留有 2～3 个饱满芽，剪留 12～15 厘米的枝段待用。

② 砧木的处理：选改接树枝干平直光滑处，将上端截去，然后用利刀将锯口削平，在接口两侧横削 2～3 厘米的月牙状切口，待插入接穗。

③ 接穗插入：将接穗马耳形切口沿砧木的月牙切口向下插入皮层与木质部之间，插入深度以稍露部分切面为度。

④ 接穗的固定：接穗插入后，可用麻绳或塑料绳绑 5～7 圈，以绑紧、绑牢接穗为度。

⑤ 保湿和遮阴：接穗在接口处固定后，随即可用聚乙烯醇胶液（聚乙烯醇：水 = 1：15，加热溶解而成）涂刷接穗以防失水。

2）插皮舌接：接穗离皮时可用此法。

① 接穗的削取：同插皮接。插皮舌接可在插入接穗处削去砧木的粗老树皮，露出嫩皮，其大小略大于接穗马耳形切面。

② 接穗插入：将已削好的马耳形接穗的皮层轻轻揭离木质部，将接穗的木质部插入已削好的砧木月牙状切口的形成层部位，使接穗剥离的皮层正好覆盖在砧木纵削面的嫩皮上，深度同插皮接。

③ 接穗的固定及保湿遮阴：同插皮接。

（2）芽接法 硬枝嫁接没有成活的嫁接部位保留 3~5 个新枝，采用夏季方块芽接方法嫁接。此方法操作简便，成活率高，需要的砧木为当年生新梢。先在砧木上切 1 个长 3~4 厘米、宽 2~3 厘米的方块，将树皮挑起，并在切口左下角或右下角切除 2 毫米的树皮，成为导流口。再在接穗上取下远小于砧木切口的方块形芽片（芽内维管束要保持完好）。然后，迅速镶入砧木切口，留下导流口用塑料薄膜绑紧接口即可。

9. 接后管理

（1）除萌 当枝接接穗已萌发抽枝时，要及时除掉砧木的萌芽。如果枝接接穗不能萌发，每个接头可在合适部位保留 2~3 个萌芽，以便抽枝后进行芽接。

（2）防风折 当枝接接穗的新梢生长到 30 厘米左右时要及时在接口处绑缚 1.0~1.5 米的支柱，将新梢轻轻绑在支柱上以防风折。随新梢的加长要绑缚 2~3 次。

（3）剪砧 芽接后的枝条要及时检查，一般 15~20 天接芽开始萌发，要及时抹去砧木上的芽，在接芽以上 1 厘米处剪断砧木。

（4）松绑 枝接后 2~3 个月（6 月上旬~7 月上旬）将接口绑缚材料放松 1 次，但不能将绑缚材料去掉，8 月下旬以后可根据具体情况将绑缚物全部去掉。芽接枝的接芽萌动抽枝 5 厘米以上时，要及时去掉塑料条，以免绑缚过紧影响新梢生长。用枝接和芽接综合技术改接的大树，成活率可达 100%，树冠提前 2~3 年恢复，10 年生实生树改接后，第三年株产可达 3~5 千克。芽接抽生的新梢当年生长量平均在 1 米以上，在北方能够安全越冬。

参考文献

[1] 高英, 董宁光, 张志宏, 等. 早实核桃雌花芽分化外部形态与内部结构关系的研究 [J]. 林业科学研究, 2010, 23 (2): 241-245.

[2] 侯宇, 惠军涛, 张培利, 等. 核桃黑斑病的发生特点与防治方法 [J]. 农技服务, 2011, 28 (1): 40.

[3] 黄有文, 史妮妮. 核桃小吉丁虫的生物学特性及其防治 [J]. 农技服务, 2012, 29 (4): 424.

[4] 庞永华, 张艳红. 核桃主要病虫害防治技术 [J]. 农技服务, 2011, 28 (9): 1318.

[5] 裴东, 鲁新政. 中国核桃种质资源 [M]. 北京: 中国林业出版社, 2011.

[6] 曲文文, 杨克强, 刘会香, 等. 山东省核桃主要病害及其综合防治 [J]. 植物保护, 2011, 37 (2): 136-140.

[7] 商靖, 王刚, 努热曼·克比尔, 等. 核桃基腐病发病环境调查及防治试验初报 [J]. 新疆农业大学学报, 2010, 33 (4): 329-334.

[8] 宋金东, 王渭农, 张宏建. 核桃举肢蛾药剂防治关键时期及综合测报技术 [J]. 北方园艺, 2010 (16): 161-162.

[9] 苏国顺, 何水柯. 核桃高产栽培技术 [J]. 河南农业, 2011 (15): 35.

[10] 王海平. 核桃树栽植及幼园管理技术 [J]. 西北园艺: 果树, 2011 (4): 15-16.

[11] 王玉兰, 唐丽, 岳朝阳, 等. 核桃树冻害发生原因及冻害预防对策 [J]. 北方园艺, 2011 (5): 75-76.

[12] 王云霞, 王翠香, 韩传明, 等. 良种核桃丰产栽培技术 [J]. 防护林科技, 2011 (6): 116-117.

[13] 吴玉洲, 范国锋, 郭燕超, 等. 核桃育苗及栽培技术 [J]. 中国园艺文摘, 2011 (10): 162-163.

[14] 郗荣庭, 张毅萍. 中国果树志: 核桃卷 [M]. 北京: 中国林业出版社, 1996.

[15] 郗荣庭, 张毅萍. 中国核桃 [M]. 北京: 中国林业出版社, 1994.

[16] 张天勇. 核桃腐烂病发生规律及防治技术 [J]. 陕西林业科技, 2012 (3): 78-79, 82.

[17] 张志华, 王红霞, 赵书岗. 核桃安全优质高效生产配套技术 [M]. 北京: 中国农业出版社, 2009.